凸分析

李庆娜　李萌萌　于盼盼　编

科学出版社

北　京

内 容 简 介

本书主要讲述了最优化理论的基础——凸分析的主要内容，是结合作者多年来在最优化课程中的经验及凸分析讨论班涉及的内容总结整理而成的．本书融入了大量研究最优化理论用的应用案例及图片，使得对知识点的理解更加简单形象，便于本科生及研究生作为教材及优化的参考书．本书基本内容包括仿射集、凸集及凸集上的运算、凸集的拓扑性质、凸函数及其运算等．

本书可作为应用数学、运筹学及相关学科的高年级本科生及研究生的教材和参考书．

图书在版编目(CIP)数据

凸分析讲义/李庆娜，李萌萌，于盼盼编．—北京：科学出版社，2019.2
ISBN 978-7-03-060504-7

Ⅰ．①凸…　Ⅱ．①李…　②李…　③于…　Ⅲ．①凸分析-高等学校-教材
Ⅳ．①O174.13

中国版本图书馆 CIP 数据核字（2019）第 020981 号

责任编辑：胡庆家／责任校对：邹慧卿
责任印制：吴兆东／封面设计：陈　敬

科 学 出 版 社 出版
北京东黄城根北街 16 号
邮政编码：100717
http://www.sciencep.com

北京九州迅驰传媒文化有限公司印刷
科学出版社发行　各地新华书店经销
*
2019 年 2 月第　一　版　开本：720 × 1000　B5
2024 年 3 月第三次印刷　印张：9 3/4
字数：150 000

定价：58.00 元

(如有印装质量问题，我社负责调换)

前　　言

运筹学产生于第二次世界大战期间. 作为运筹学的一个重要而活跃的部分 —— 最优化理论与方法在近半个世纪以来得到了蓬勃发展. 凸分析作为最优化理论与方法的重要理论基础, 也越来越为人们所重视.

本书主要对凸分析的基本概念和内容进行了介绍. 主要内容包括仿射集、凸集、凸函数、凸集及凸函数的运算、拓扑性质. 这些内容看似简单, 实则构成了最优化理论及算法设计的基本的分析工具. 为了增强可读性, 本书将最优化方法部分前沿研究内容与凸分析的概念、理论相结合，辅以大量例子、图片及练习, 以期读者对本书内容有更形象深刻地理解和把握.

在本书的编写过程中, 得到了国内同行专家的支持和鼓励, 在此一并表示衷心的感谢! 感谢优化课题组每一位成员积极参加讨论班, 没有他们的激烈讨论、认真校对, 就没有本书的出版. 最后，感谢国家自然科学基金 (11671036) 的资助及北京理工大学 “十三五” 教材规划资助.

本书可作为数学、运筹学及相关学科的高年级本科生及研究生的教材和参考书.

因作者水平所限, 本书难免有不足之处. 恳请读者不吝赐教. 来信请发至: qnl@bit.edu.cn.

李庆娜　李萌萌　于盼盼

2019 年 1 月

目　录

第1章 仿 射 集

1.1 预备知识: 内积

定义 1.1 设 x 和 y 为 n 维列向量, x 与 y 的内积定义为

$$\langle x,y\rangle = x_1y_1+x_2y_2+\cdots+x_ny_n = x^{\mathrm{T}}y,$$

其中, x^{T} 表示 x 的转置, 即

$$x^{\mathrm{T}} = (x_1,\ x_2,\ \cdots,\ x_n), \quad y^{\mathrm{T}} = (y_1,\ y_2,\ \cdots,\ y_n).$$

设 A 为一个 $m\times n$ 的实矩阵, 即 $A:\mathbb{R}^n\to\mathbb{R}^m$. 把 A 的转置矩阵以及相应的伴随线性变换记为 $A^*:\mathbb{R}^m\to\mathbb{R}^n$, 则有 $\langle Ax,y\rangle=\langle x,A^*y\rangle$. 可以验证:

$$\langle Ax,y\rangle=(Ax)^{\mathrm{T}}y=x^{\mathrm{T}}A^*y=\langle x,A^*y\rangle.$$

注 1.1 记 $\mathcal{A}:\mathbb{R}^{m\times n}\to\mathbb{R}^p$ 为线性变换, $\mathcal{A}^*:\mathbb{R}^p\to\mathbb{R}^{m\times n}$ 为其伴随线性变换, 则同样有

$$\langle\mathcal{A}(X),y\rangle=\langle X,\mathcal{A}^*y\rangle,\quad X\in\mathbb{R}^{m\times n},\ y\in\mathbb{R}^p. \tag{1.1}$$

注 1.2 矩阵间的内积有如下定义: $A\in\mathbb{R}^{n\times n}, B\in\mathbb{R}^{n\times n}$,

$$\langle A,B\rangle=\mathrm{tr}(A^{\mathrm{T}}B)\doteq\sum_{i=1}^{n}\sum_{j=1}^{n}a_{ij}b_{ij}.$$

例子 1.1 设 $X\in\mathbb{R}^{m\times n}$, 定义线性算子 $\mathcal{A}:\mathbb{R}^{m\times n}\to\mathbb{R}^p$ 如下:

$$\mathcal{A}(X)=\begin{bmatrix}\langle A^{(1)},X\rangle\\ \vdots\\ \langle A^{(p)},X\rangle\end{bmatrix}, \tag{1.2}$$

其中, $A^{(i)}\in\mathbb{R}^{m\times n}$, $i=1,\cdots,p$. 则由式 (1.1) 可知

$$\langle\mathcal{A}(X),y\rangle=\left\langle\begin{bmatrix}\langle A^{(1)},X\rangle\\ \vdots\\ \langle A^{(p)},X\rangle\end{bmatrix},y\right\rangle=\sum_{i=1}^{p}y_i\langle A^{(i)},X\rangle=\langle X,\mathcal{A}^*y\rangle,$$

因此

$$\mathcal{A}^*y=\sum_{i=1}^{p}y_iA^{(i)}.$$

例子 1.2[7]　如上例, 对于 $X\in\mathbb{R}^{n\times n}$, 若定义 $\mathcal{A}(X):=\mathrm{diag}(X)=(X_{11},\cdots,X_{nn})^{\mathrm{T}}$, 这里 X_{ij} 是 X 中第 i 行 j 列的元素. 则 $\mathcal{A}(X)$ 可写为

$$\mathcal{A}(X)=\begin{bmatrix}\langle A^{(1)},X\rangle\\ \vdots\\ \langle A^{(n)},X\rangle\end{bmatrix}$$

的形式. 其中

$$A^{(1)}=\begin{pmatrix}1&&\\&\ddots&\\&&0\end{pmatrix},\ \cdots,\ A^{(n)}=\begin{pmatrix}0&&\\&\ddots&\\&&1\end{pmatrix}\in\mathbb{R}^{n\times n}.$$

可以得出, 对向量 $y=(y_1,\cdots,y_n)^{\mathrm{T}}$,

$$\mathcal{A}^*y=\begin{pmatrix}y_1&&&\\&y_2&&\\&&\ddots&\\&&&y_n\end{pmatrix}:=\mathrm{Diag}(y).$$

例子 1.3 设 $D \in \mathbb{R}^{3\times 3}$. 已知 $\mathcal{A}(D) = \begin{bmatrix} D_{11} - D_{12} \\ D_{23} - D_{31} \\ D_{33} \end{bmatrix}$, 则对应的 $A^{(1)}$, $A^{(2)}$, $A^{(3)}$ 分别为

$$A^{(1)} = \begin{pmatrix} 1 & -1 & 0 \\ 0 & 0 & 0 \\ 0 & 0 & 0 \end{pmatrix}, \quad A^{(2)} = \begin{pmatrix} 0 & 0 & 0 \\ 0 & 0 & 1 \\ -1 & 0 & 0 \end{pmatrix}, \quad A^{(3)} = \begin{pmatrix} 0 & 0 & 0 \\ 0 & 0 & 0 \\ 0 & 0 & 1 \end{pmatrix}.$$

对于 $y \in \mathbb{R}^3$, 可计算得

$$\mathcal{A}^* y = \sum_{i=1}^{3} y_i A^{(i)} = \begin{bmatrix} y_1 & -y_1 & 0 \\ 0 & 0 & y_2 \\ -y_2 & 0 & y_3 \end{bmatrix}.$$

例子 1.4 记 $\mathcal{S}^n$ 为 $n \times n$ 的对称矩阵空间. 设 $D \in \mathcal{S}^3$. 已知 $\mathcal{A}(D) = \begin{bmatrix} D_{11} - D_{12} \\ D_{13} - D_{23} \\ D_{33} \end{bmatrix}$, 则对应的 $A^{(1)}$, $A^{(2)}$, $A^{(3)} \in \mathcal{S}^3$ 分别为

$$A^{(1)} = \begin{bmatrix} 1 & -0.5 & 0 \\ -0.5 & 0 & 0 \\ 0 & 0 & 0 \end{bmatrix}, \quad A^{(2)} = \begin{bmatrix} 0 & 0 & 0.5 \\ 0 & 0 & -0.5 \\ 0.5 & -0.5 & 0 \end{bmatrix},$$

$$A^{(3)} = \begin{bmatrix} 0 & 0 & 0 \\ 0 & 0 & 0 \\ 0 & 0 & 1 \end{bmatrix}.$$

对于 $y \in \mathbb{R}^3$, 可计算得

$$\mathcal{A}^* y = \sum_{i=1}^{3} y_i A^{(i)} = \begin{bmatrix} y_1 & -0.5y_1 & 0.5y_2 \\ -0.5y_1 & 0 & -0.5y_2 \\ 0.5y_2 & -0.5y_2 & y_3 \end{bmatrix}.$$

例子 1.5[8]　设算子 $\mathcal{A}$ 如例子 1.2 定义, 则

$$\mathcal{A}\mathcal{A}^* y = \mathrm{diag}(\mathrm{Diag}(y)) = y.$$

更进一步, 若已知

$$\mathcal{A}\mathcal{A}^* y = b,$$

其中 $b \in \mathbb{R}^n$ 为给定的向量, 则可求得

$$y = b.$$

1.2　仿　射　集

定义 1.2　设 x 和 y 为 $\mathbb{R}^n$ 中两个不同的点, $\lambda \in \mathbb{R}$, 称 $(1-\lambda)x+\lambda y$ 为过 x 与 y 的直线. 当 $\lambda \in [0,1]$ 时, $(1-\lambda)x+\lambda y$ 称为 x 与 y 的凸组合.

定义 1.3 (仿射集)　设 M 是 $\mathbb{R}^n$ 的子集. 如果对任意的 $x,\ y \in M$, 任意的 $\lambda \in \mathbb{R}$, 有 $(1-\lambda)x+\lambda y \in M$, 则称 M 为仿射集. 仿射集也叫仿射流形、仿射簇、线性簇等. 当 $\lambda \in [0,1]$ 时, 称 M 为凸集.

显然, 仿射集一定是凸集.

例子 1.6　在 $\mathbb{R}^3$ 中, 任意的点、没有终点的直线、x 轴、y 轴、整个 $\mathbb{R}^3$ 空间都是仿射集.

x 的正半轴、起点为原点的射线、$y \geqslant 0$ 的半空间、第三个轴没有终点的圆柱 $A = \{(x,y,z) | x^2+y^2=1\}$ 都不是仿射集.

注 1.3 $\mathbb{R}^n$ 和 $\varnothing$ 是特殊的仿射集, 单点集也是仿射集, 但有限点集 (点的数目大于 1) 不是仿射集. 从另外的角度, $(1-\lambda)x+\lambda y = x+\lambda(y-x)$ 可以看作从 x 出发, 沿着 $y-x$ 方向移动 λ 步长. 如图 1.1 所示.

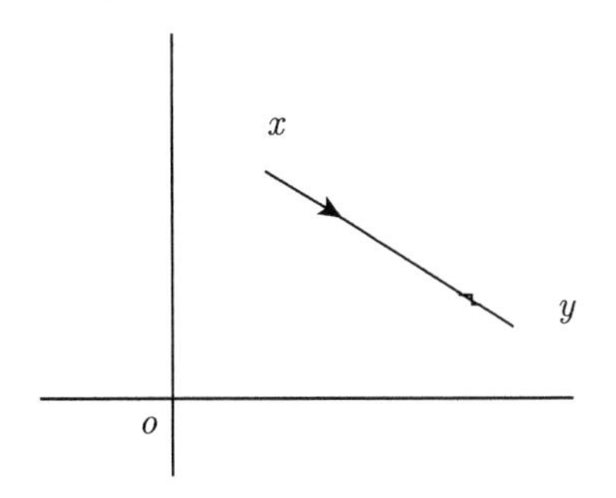

图 1.1 对仿射集的理解

例子 1.7 实圆盘 $C=\{(x,y) \mid x^2+y^2 \leqslant r^2\} \triangleq \{z \in \mathbb{R}^2 \mid \|z\|_2 \leqslant r\}$.

例子 1.8 球体 $B = \{(x,\ y,\ z) \mid x^2 + y^2 + z^2 \leqslant r^2\} \triangleq \{z \in \mathbb{R}^3 \mid \|z\|_2 \leqslant r\}$.

例子 1.9 n 维球体 $B^n = \{z \in \mathbb{R}^n \mid \|z\|_2 \leqslant r\}$.

来检验 B^n 是否是凸集、仿射集、子空间. 类似地可以判断 C, B.

(1) 对任意的 $x,\ y \in B^n,\ \lambda \in [0,1]$, 因为

$$\|(1-\lambda)x + \lambda y\|_2 \leqslant (1-\lambda)\|x\|_2 + \lambda\|y\|_2 \leqslant (1-\lambda)r + \lambda r = r,$$

所以

$$(1-\lambda)x + \lambda y \in B^n.$$

因此, B^n 是凸集.

(2) 因为封闭的球不可能有直线, 过 B^n 中任意两点的直线不可能包含在封闭的球内, 故 B^n 不是仿射集.

(3) 子空间一定是仿射集 (见下面定理 1.1), 故不是仿射集一定不是子空间. 因此 B^n 不是子空间.

注 1.4 “封闭”的有界集合一定不是仿射集.

定理 1.1 $\mathbb{R}^n$ 的子空间是包含原点的仿射集.

证明 设 M 为包含原点的仿射集. 要证明 M 是子空间, 只要对加法和数乘进行验证即可. 对任意的 $x,\ y \in M,\ \lambda \in \mathbb{R},\ \lambda x = (1-\lambda)0+\lambda x$, 故 M 对数乘封闭. $\frac{1}{2}(x+y) = \frac{1}{2}x + \frac{1}{2}y \in M$, 则 $x+y = 2\left(\frac{1}{2}(x+y)\right) \in M$, 故 M 对加法封闭. 从而, M 是 $\mathbb{R}^n$ 的子空间.

反过来, 要证明子空间是包含原点的仿射集. 首先, 子空间一定包含原点, 且对加法和数乘封闭. 则对 $\forall x, y \in K$(子空间), $\lambda \in \mathbb{R}$, $(1-\lambda)x \in K, \lambda y \in K$(数乘封闭), 都有 $(1-\lambda)x + \lambda y \in K$(加法封闭). 所以任意子空间一定是仿射集. 即子空间是包含原点的仿射集. □

定义 1.4 设集合 $M \subset \mathbb{R}^n$, $a \in \mathbb{R}^n$, 称 $M + a = \{x + a \mid x \in M\}$ 为 M 沿向量 a 的平移.

显然, 如果 M 是仿射集, 则 $M + a$ 也是仿射集.

证明 对任意的 $x,\ y \in M + a$, 存在 $x_1, y_1 \in M$, 使得 $x = x_1 + a,\ y = y_1 + a$,

因 M 是仿射集, 故对任意的 $\lambda \in \mathbb{R}$, 有 $(1-\lambda)x_1 + \lambda y_1 \in M$, 故

$$\begin{aligned}(1-\lambda)x + \lambda y &= (1-\lambda)(x_1 + a) + \lambda(y_1 + a) \\ &= (1-\lambda)x_1 + \lambda y_1 + a \in M + a,\end{aligned}$$

即 $M + a$ 是仿射集. □

定义 1.5 如果存在 $a \in \mathbb{R}^n$, 使得 $M = L + a$, 则称仿射集 M 平行于仿射集 L.

“M 平行于 L” 在 $\mathbb{R}^n$ 的仿射子集构成的集族上是一个等价关系, 即满足自反性、对称性、传递性.

定理 1.2 任一非空仿射集 M 平行于唯一的子空间 L, 且

$$L = M - M = \{x - y \mid x \in M, y \in M\}.$$

证明 (唯一性) 设 L_1, L_2 为平行于 M 的子空间. 由传递性, L_1 平行于 L_2, 则存在 $a \in \mathbb{R}^n$, 使得 $L_2 = L_1 + a$. 而 $0 \in L_2$, 则 $-a \in L_1$, 即 $a \in L_1$, 故 $L_1 + a \subset L_1$, 即 $L_2 \subset L_1$. 同样可得 $L_2 \supset L_1$. 因此, $L_1 = L_2$.

(存在性) 设 M 是任一非空仿射集, 对任意 $y \in M$, $M - y = M + (-y)$ 是 M 沿 $-y$ 的平移, 且包含 0. 由定理 1.1 及上面所证, 该仿射集必为平行于 M 的唯一子空间, 记为 L. 由 $y \in M$ 的任意性可知

$$L = M - M. \qquad \square$$

以 $\mathbb{R}^2$ 为例, 仿射集与子空间的关系如图 1.2 所示.

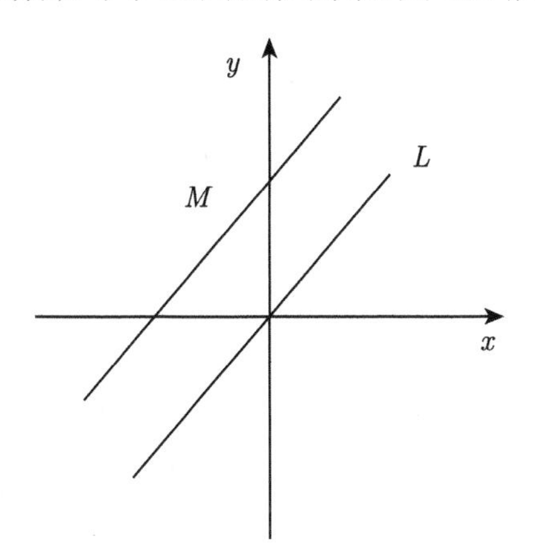

图 1.2 仿射集与子空间的关系

例子 1.10 仿射集 $M = \{(x, y) \mid x - y = -1\}$, $\alpha = (2, 3) \in \mathbb{R}^2$, $M - \alpha$ 是包含原点的仿射集, 即为一子空间 L.

定义 1.6 非空仿射集的维数定义为平行于它的子空间的维数.

规定空集的维数为 -1, 维数分别为 0, 1, 2 的仿射集分别是点、线、平面.

1.3 超 平 面

定义 1.7 $\mathbb{R}^n$ 的一个 $n-1$ 维仿射集叫作超平面.

$\mathbb{R}^2$ 上的超平面为直线, $\mathbb{R}^3$ 上的超平面是二维平面.

例子 1.11 在二维空间里, 线性方程 $x+y=1$ 的解集是一个仿射集, 也是一个超平面. 见图 1.3.

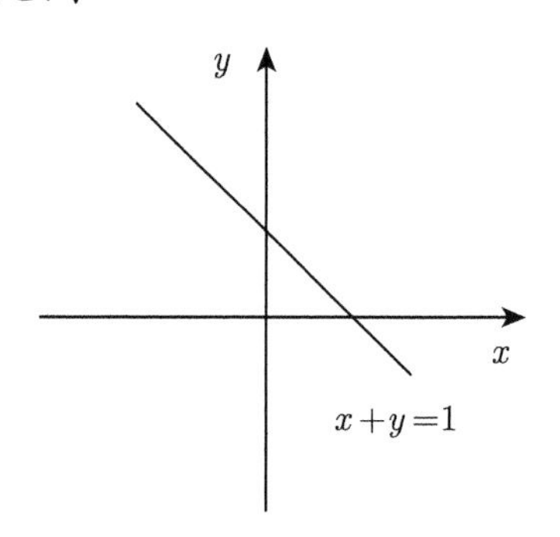

图 1.3 超平面与线性方程的关系

超平面及其他仿射集可由线性函数和线性方程来表示. 这可以从 $\mathbb{R}^n$ 空间上的正交理论导出. $\mathbb{R}^n$ 的子空间 L 的正交补 $L^{\perp}=\{x \mid x\perp y, y\in L\}$, 且 $\dim L+\dim L^{\perp}=n, (L^{\perp})^{\perp}=L$. 设 $b_1,\cdots,b_m$ 为 L 的一组基. 则 $x\perp L$ 等价于 $x\perp b_i, i=1,\cdots,m$. 这样, $\mathbb{R}^n$ 的一个 $n-1$ 维子空间 L 是一个一维子空间的正交补. 设这个一维子空间由非零向量 b 生成. 则与该一维子空间正交的 $n-1$ 维子空间可表示为 $\{x \mid \langle x,b\rangle=0\}$. 又超平面是 $n-1$ 维子空间的平移, 故存在 $a\in\mathbb{R}^n$, 使得

$$\{x \mid \langle x,b\rangle=0\}+a=\{y \mid \langle y-a,b\rangle=0\}=\{y \mid \langle y,b\rangle=\beta\}.$$

其中 $\beta=\langle a,b\rangle$. 由此可以得到如下超平面的刻画.

定理 1.3 $\mathbb{R}^n$ 中每个超平面 H 都可以表示为 $H=\{x \mid \langle x,b\rangle=\beta\}$,

其中, $b \in \mathbb{R}^n, \beta \in \mathbb{R}$. 在不计非零公因子意义下 b 与 β 是唯一的. b 叫作超平面 H 的法线.

例子 1.12 在 $\mathbb{R}^2$ 中, 令 $b = (0,1)^{\mathrm{T}}$, $\beta = 1$. 由 b 和 β 确定的超平面为 $H = \{x \mid \langle x, b\rangle = \beta\} = \{x = (x_1, x_2) \mid x_1 \cdot 0 + x_2 \cdot 1 = 1\} = \{x = (x_1, x_2) \mid x_1 \in \mathbb{R}, x_2 = 1\}$. 见图 1.4.

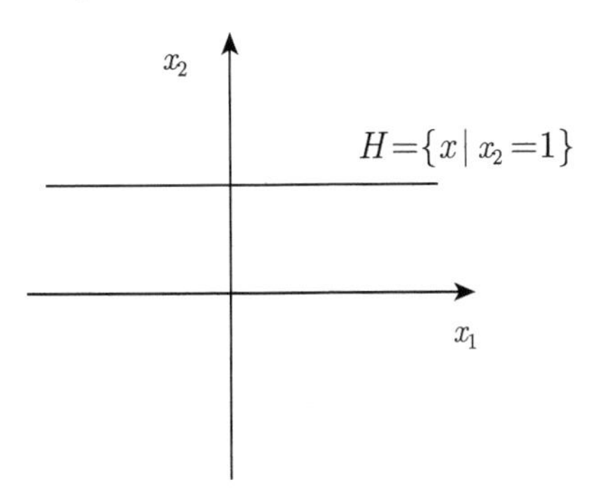

图 1.4 超平面示意图

例子 1.13 支持向量机 (Support Vector Machine, SVM[2]) 的原理, 就是找到合适的超平面 $H = \{x \in \mathbb{R}^n \mid x^{\mathrm{T}}w + b = 0\}$ 以实现样本分类.

例子 1.14 在 $\mathbb{R}^2$ 中, 令 $b = (0,1)^{\mathrm{T}}$, $\beta = 1$, 则超平面为 $H = \{x \in \mathbb{R}^2 \mid x_2 = 1\}$. 超平面与法向量如图 1.5 所示. 向量 $b, -b, \lambda b$ $(\lambda \neq 0)$ 都是超平面的法向量.

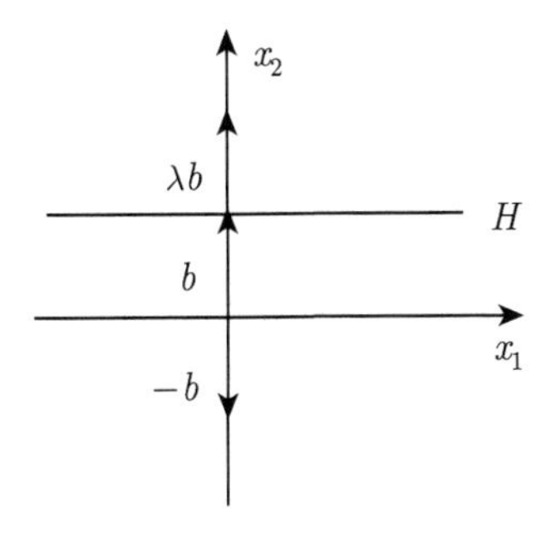

图 1.5 例子 1.14 示意图

例子 1.15 在 $\mathbb{R}^3$ 中, 令 $b=(0,1,2)^{\mathrm{T}}$, $\beta=2$, 则超平面为 $H=\{x\in\mathbb{R}^3 \mid x_2+2x_3=2\}$. 超平面与法向量如图 1.6 所示.

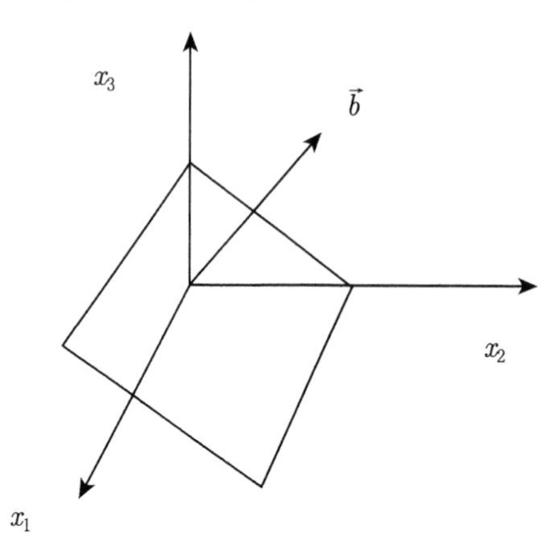

图 1.6 例子 1.15 示意图

定理 1.4 给定 $b\in\mathbb{R}^m$, $B\in\mathbb{R}^{m\times n}$, 则集合 $M=\{x\in\mathbb{R}^n \mid Bx=b\}$ 是一个仿射集. 反之, 每个仿射集都可以这样表示.

证明 由仿射集定义易证 M 是一个仿射集. 设 L 是平行于 M 的子空间, $b_1,b_2,\cdots,b_m\in\mathbb{R}^n$ 是 $L^\perp$ 的基, 则

$$L=\{x \mid \langle x,b_i\rangle=0, i=1,2,\cdots,m\}=\{x \mid Bx=0\},$$

其中, $B=[b_1,\cdots,b_m]^{\mathrm{T}}\in\mathbb{R}^{m\times n}$. 又 M 平行于 L, 故存在 $a\in\mathbb{R}^n$, 使得

$$\begin{aligned} M=L+a&=\{x+a \mid Bx=0\}\\ &=\{x \mid B(x-a)=0\}\\ &=\{x \mid Bx=b\}, \end{aligned}$$

其中, $b=Ba$. 若 $M=\mathbb{R}^n$, 令 $B=0, b=0$. 定理得证. □

M 也可以写成 $M=\{x \mid \langle x,b_i\rangle=\beta_i, i=1,2,\cdots,m\}=\bigcap\limits_{i=1}^{m}H_i$, b_i 是 B 的第 i 个行向量, β_i 是 b 的第 i 个分量, 每个 $H_i=\{x \mid \langle x,b_i\rangle=\beta_i\}$

均为一个超平面. 可以看出如下结果.

性质 1.1 有限个仿射集的交集仍是仿射集.

推论 1.1 $\mathbb{R}^n$ 中的每个仿射子集都是有限个超平面的交集.

1.4 仿 射 包

定义 1.8 给定 $S \subset \mathbb{R}^n$, 存在包含 S 的唯一最小仿射集称为仿射包, 记为 $\text{aff}S$.

例子 1.16 (1) $\mathbb{R}$ 中, 若 S 为线段, 则 $\text{aff}S = \mathbb{R}$.

(2) $\mathbb{R}^2$ 中, S 是平面直角坐标系中的第二象限, 则 $\text{aff}S = \mathbb{R}^2$.

(3) $\mathbb{R}^3$ 中, S 是棱长为 1 的正方体, 则 $\text{aff}S = \mathbb{R}^3$.

可以证明, $\text{aff}S$ 中的向量具有 $\lambda_1 x_1 + \cdots + \lambda_n x_n$ 的形式, $x_i \in S, \lambda_i \in \mathbb{R}$, 且 $\sum\limits_{i=1}^{m} \lambda_i = 1$.

定义 1.9 如果 $\text{aff}\{b_0, b_1, \cdots, b_m\}$ 是 m 维的, 称含 $m+1$ 个点 $b_0, b_1, \cdots, b_m$ 的集合是仿射无关的.

若 $\text{aff}\{b_0, b_1, \cdots, b_m\}$ 是 m 维的, 显然

$$\text{aff}\{b_0, \cdots, b_m\} = L + b_0,$$

其中,

$$L = \text{span}\{0,\ b_1 - b_0, \cdots, b_m - b_0\},$$

由定理 1.1 知, L 与包含 $b_1 - b_0, \cdots, b_m - b_0$ 的最小子空间相同, 其维数是 m 当且仅当 $b_1 - b_0, \cdots, b_m - b_0$ 线性无关. 因此, $b_0, b_1, \cdots, b_m$ 仿射无关当且仅当 $b_1 - b_0, \cdots, b_m - b_0$ 线性无关.

线性无关的许多结果可以应用到仿射无关中. 例如, $\mathbb{R}^n$ 中有 $m+1$ 个点的集合是仿射无关的可以被扩充到有 $n+1$ 个点的集合是仿射无

关的.

注 1.5 若 $M=\text{aff}\{b_0,b_1,\cdots,b_m\}$, 与 M 平行的子空间 L 中的向量是 $b_i-b_0\ (i=1,2,\cdots,m)$ 的线性组合, 则 M 中的向量可表示为

$$x=\lambda_1(b_1-b_0)+\cdots+\lambda_m(b_m-b_0)+b_0\triangleq\lambda_0b_0+\cdots+\lambda_mb_m,$$

且满足 $\sum\limits_{i=0}^{m}\lambda_i=1$. x 的系数 $\lambda_i\ (i=0,\cdots,m)$ 是唯一的当且仅当 $b_0,b_1,\cdots,b_m$ 仿射无关.

1.5 仿射变换

定义 1.10 设 T 是一个从 $\mathbb{R}^n$ 到 $\mathbb{R}^m$ 的单值映射, $T:x\to Tx$, 如果对任意 $x,\ y\in\mathbb{R}^n$, $\lambda\in\mathbb{R}$, 有 $T((1-\lambda)x+\lambda y)=(1-\lambda)Tx+\lambda Ty$, 则称 T 为仿射变换.

例子 1.17 设 $A\in\mathbb{R}^{m\times n}$, $b\in\mathbb{R}^m$. 定义 $T:\ \mathbb{R}^n\to\mathbb{R}^m$ 为

$$Tx=Ax+b,\quad x\in\mathbb{R}^n.$$

则由定义可以验证 T 为仿射变换.

定理 1.5 仿射变换 $T:\mathbb{R}^n\to\mathbb{R}^m$, 可表示成 $Tx=Ax+a$, 其中 A 为从 $\mathbb{R}^n$ 到 $\mathbb{R}^m$ 的线性变换, $a\in\mathbb{R}^m$.

证明 令 $a=T0$, 则 $Ax=Tx-a$. A 仍是一个仿射变换, 且 $A0=0$. 下面证 A 是线性的. 对任意 $\lambda\in\mathbb{R},x\in\mathbb{R}^n$,

$$\begin{aligned}A(\lambda x+(1-\lambda)0)&=T(\lambda x+(1-\lambda)0)-a\\&=\lambda Tx+(1-\lambda)T0-a\\&=\lambda(Ax+a)-\lambda(A0+a)\\&=\lambda Ax.\end{aligned}$$

对任意的 $x, y \in \mathbb{R}^n$,

$$A\left(\frac{x+y}{2}\right) = T\left(\frac{1}{2}x + \frac{1}{2}y\right) - a = \frac{1}{2}Tx + \frac{1}{2}Ty - 2\frac{a}{2} = \frac{1}{2}Ax + \frac{1}{2}Ay.$$

综上两点, A 是线性的.

反之, 若 $Tx = Ax + a$, A 是线性的, 则有

$$\begin{aligned} T((1-\lambda)x + \lambda y) &= A((1-\lambda)x + \lambda y) + a \\ &= (1-\lambda)Ax + \lambda Ay + a \\ &= (1-\lambda)Tx + \lambda Ty, \end{aligned}$$

则 T 是仿射变换. □

另外, 若仿射变换的逆存在, 则它的逆也是仿射的.

证明 设仿射变换 $T : \mathbb{R}^n \to \mathbb{R}^m$. 若它的逆存在, 则要求 $m = n$, 那么有 $T^{-1} : \mathbb{R}^m \to \mathbb{R}^m$, 由上面定理 1.5, $Tx = Ax + a \triangleq y$, T 可逆要求 A 可逆. 由 $x = T^{-1}y, Ax = Tx - a = y - a$ 易得

$$T^{-1}y = A^{-1}(y-a).$$

对任意 $x, y \in \mathbb{R}^n, \lambda \in \mathbb{R}$, 有

$$\begin{aligned} T^{-1}((1-\lambda)x + \lambda y) &= A^{-1}((1-\lambda)x + \lambda y - a) \\ &= A^{-1}((1-\lambda)(x-a) + \lambda(y-a)) \\ &= (1-\lambda)T^{-1}x + \lambda T^{-1}y. \end{aligned}$$

因此, T^{-1} 是仿射的. □

可以证明, 若从 $\mathbb{R}^n$ 到 $\mathbb{R}^m$ 的映射 T 是一个仿射变换, 对 $\mathbb{R}^n$ 中的每个仿射集 M, 像集 $TM = \{Tx \mid x \in M\}$ 在 $\mathbb{R}^m$ 上是仿射集. 特别地, 仿射变换保持仿射包的运算, 即 $\mathrm{aff}(TS) = T(\mathrm{aff}S)$. 下面给出证明.

证明 证明两个集合相等, 只要证它们相互包含即可.

对任意 $y \in T(\text{aff}S)$, 存在 $x \in \text{aff}S$, x 可以写成

$$x = \sum_{i=1}^{m} \lambda_i x_i, \quad x_i \in S, \ \sum_{i=1}^{m} \lambda_i = 1,$$

使得 $Tx = y$. 由定理 1.5 有

$$\begin{aligned} Tx &= Ax + a = A\left(\sum_{i=1}^{m} \lambda_i x_i\right) + a \\ &= \sum_{i=1}^{m} \lambda_i A x_i + a = \sum_{i=1}^{m} \lambda_i (A x_i + a) \\ &= \sum_{i=1}^{m} \lambda_i T x_i \in \text{aff}(TS). \end{aligned}$$

即 $y \in \text{aff}(TS)$, 从而有 $T(\text{aff}S) \subset \text{aff}(TS)$.

同理, 对任意 $y \in \text{aff}(TS)$, $y = \sum\limits_{i=1}^{m} \lambda_i y_i$, $y_i \in TS$, 则存在 $x_i \in \mathcal{S}$, 使得 $y_i = Tx_i$. 因此

$$\begin{aligned} y &= \sum_{i=1}^{m} \lambda_i T x_i \\ &= \sum_{i=1}^{m} \lambda_i (A x_i + a) \\ &= A\left(\sum_{i=1}^{m} \lambda_i x_i\right) + a \\ &= T\left(\sum_{i=1}^{m} \lambda_i x_i\right) \in T(\text{aff}S). \end{aligned}$$

因此, $\text{aff}(TS) \subset T(\text{aff}S)$.

综上得到 $\text{aff}(TS) = T(\text{aff}S)$. □

定理 1.6 设 $\{b_0, \cdots, b_m\}, \{b_0', \cdots, b_m'\}$ 是 $\mathbb{R}^n$ 中的仿射无关集, 则存在一个从 $\mathbb{R}^n$ 到自身的一对一仿射变换 T, 使得 $Tb_i = b_i', i =$

$0, 1, \cdots, m$. **如果 $m = n$, 则 T 是唯一的.**

证明 先证 $m = n$ 的情况. 注意到线性变换可以将一组基变为另一组基. 因此, 存在唯一的一对一线性变换 $A : \mathbb{R}^n \to \mathbb{R}^n$, 使得

$$A(b_k - b_0) = b_k^{'} - b_0^{'}, \quad k = 1, 2, \cdots, n.$$

整理得

$$b_k^{'} = b_0^{'} + A(b_k^{'} - b_0^{'}) = Ab_k^{'} + (b_0^{'} - Ab_0).$$

由定理 1.5 知, 存在 $a \in \mathbb{R}^n$, 使得 $Tx = Ax + a$. 故有

$$Tx = Ax + (b_0^{'} - Ab_0).$$

若 $m \leqslant n$, 可以把基扩充为 $\mathbb{R}^n$ 的基, 仍可按照上面的过程证明. □

推论 1.2 **设 M_1, M_2 是 $\mathbb{R}^n$ 中维数相同的仿射集, 则存在一个从 $\mathbb{R}^n$ 到自身的仿射变换 T, 使得 $TM_1 = M_2$.**

设 T 是 $\mathbb{R}^n$ 到 $\mathbb{R}^m$ 的一个仿射变换, 它的图是 $\mathbb{R}^{m+n}$ 的仿射子集, 这可由定理 1.4 得到. 设 $Tx = Ax + a = y$, 则 T 的图由向量 $z = (x, y)$ 组成, $x \in \mathbb{R}^n, y \in \mathbb{R}^m$, $Bz = b$, 其中, $b = -a$, 且 $B : R^{m+n} \to \mathbb{R}^m$ 是将 (x, y) 映到 $Ax - y$ 的线性变换 (由 $B(x, y) = Ax - y$ 可知 $B = [A, -I]$, I 为 m 阶单位阵).

特别地, 从 $\mathbb{R}^n$ 到 $\mathbb{R}^m$ 的一个线性变换 $x \to Ax$ 的图为 $\{(x, Ax) \mid x \in \mathbb{R}\}$. 该集合是包含 $\mathbb{R}^{m+n}$ 中原点的仿射集, 因此是 $\mathbb{R}^{m+n}$ 的某个子空间, 记为 L(定理 1.1). L 的正交补可以表示为

$$L^{\perp} = \{(x^*, y^*) \mid x^* \in \mathbb{R}^n, y^* \in \mathbb{R}^m, x^* = -A^* y^*\},$$

即 $L^{\perp}$ 是 $-A^*$ 的图. 事实上, $z^* = (x^*, y^*) \in L^{\perp}$ 当且仅当对任意的 $z = (x, y)$ 且 $y = Ax$, 有

$$0 = \langle z, z^* \rangle = \langle x, x^* \rangle + \langle y, y^* \rangle.$$

换句话说, $(x^*, y^*) \in L^{\perp}$ 当且仅当

$$\begin{aligned} 0 &= \langle x, x^* \rangle + \langle Ax, y^* \rangle = \langle x, x^* \rangle + \langle x, A^* y^* \rangle \\ &= \langle x, x^* + A^* y^* \rangle, \quad \forall\, x \in \mathbb{R}^n. \end{aligned}$$

这意味着 $x^* + A^* y^* = 0$, 即 $x^* = -A^* y^*$.

练 习 题

练习 1.1 设算子 $\mathcal{A}$ 如例 1.4 定义, 计算 $\mathcal{A}\mathcal{A}^* y$.

练习 1.2 设 $M = \{x \in \mathbb{R}^n \mid \|x\|_0 \leqslant 2\}$, $\|x\|_0$ 为 x 非零分量的个数. M 是否为凸集、仿射集、子空间?

证明 当 $n \geqslant 2$ 时, 不妨以 $n = 4$ 为例.

(1) 设 $x = (\xi_1, \xi_2, 0, 0) \in M$, $y = (0, 0, \xi_3, \xi_4) \in M$, $\xi_i \neq 0\,(i = 1, 2, 3, 4)$, 因为 $\frac{1}{2}x + \frac{1}{2}y = \left(\frac{1}{2}\xi_1, \frac{1}{2}\xi_2, \frac{1}{2}\xi_3, \frac{1}{2}\xi_4\right) \notin M$, 所以 M 非凸.

(2) 因为仿射集必然是凸集, 所以 M 不是仿射集.

(3) M 包含 0, 但非仿射集, 故 M 不是子空间.

当 $n = 2$ 时, M 是整个 xoy 平面, 显然 M 为凸集, 仿射集和子空间. □

练习 1.3 设 $X \in \mathbb{R}^{m \times n}$, 若已知

$$\begin{cases} X_{12} = 1, \\ X_{23} = 3, \\ X_{31} = 5. \end{cases}$$

将以上条件写成

$$\mathcal{A}(X) = b$$

的形式, 并计算 $\mathcal{A}^* y$, $y \in \mathbb{R}^3$. 若

$$\mathcal{A}\mathcal{A}^* y = b,$$

求 y.

练习 1.4 设 $X \in \mathcal{S}^4$. 已知如下关于 X 的约束

$$X_{12} \geqslant X_{23} \geqslant X_{34} \geqslant X_{13} \geqslant X_{24} \geqslant X_{14}.$$

将以上约束写成

$$\mathcal{A}(X) \geqslant 0$$

的形式. 并计算 $\mathcal{A}^* y$, $\mathcal{A}\mathcal{A}^* y$.

练习 1.5[4]

$$\begin{cases} \min\limits_{D \in \mathcal{S}^n} & \dfrac{1}{2}\|D - \Delta\|^2 \\ \text{s.t.} & \operatorname{diag}(D) = 0, \quad D_{ij} \leqslant D_{kl}, \quad (i,j,k,l) \in \mathcal{C}, \\ & D \in \mathcal{K}_-^n. \end{cases} \tag{1.3}$$

其中 $\mathcal{C}$ 为序约束的下标集合. $\mathcal{K}_-^n$ 为条件半负定锥. 记

$$\mathcal{A}(Y) := \begin{bmatrix} \langle A_i, Y \rangle \\ \vdots \\ \langle A_{p+q}, Y \rangle \end{bmatrix} = \begin{bmatrix} \langle \mathcal{A}_1, Y \rangle \\ \langle \mathcal{A}_2, Y \rangle \end{bmatrix} = \begin{bmatrix} \operatorname{diag}(Y) \\ (Y_{ij} - Y_{kl})_{(i,j,k,l) \in \mathcal{C}} \end{bmatrix}, \quad b = 0 \in \mathbb{R}^{p+q},$$

其中 $p = n$, q 分别是线性等式约束和不等式约束的个数. 计算伴随算子 $\mathcal{A}^*: \mathbb{R}^{p+q} \to \mathcal{S}^n$.

(答案: $\mathcal{A}^* y = \sum\limits_{i=1}^{p+q} y_i A_i$.)

练习 1.6[10] 记图 $G = \{V, E\}$, $V = \{1, \cdots, n,\}$, n 是顶点个数, E 是边的关系 (若顶点 1 与 2 之间有边, 则 (1,2)$\in E$). 定义矩阵 $J \in \mathbb{R}^{n \times |E|}$ 如下:

$$J_k^{l(i,\ j)} = \begin{cases} 1, & k = i, \\ -1, & k = j, \\ 0, & \text{其他}, \end{cases}$$

其中, $l(i,j)$ 是 E 中边 (i,j) 的序号数, $J_k^{l(i,\ j)}$ 是 J_k 的第 $l(i,j)$ 列的第 k 个元素. 对给定的 $X \in \mathbb{R}^{d \times n}, Z \in \mathbb{R}^{d \times |E|}$, 图 G. 定义线性算子 $B: \mathbb{R}^{d \times n} \to \mathbb{R}^{d \times |E|}$ 如下:

$$B(X) = [(x_i - x_j)]_{(i,j) \in E} = XJ,$$

其中 x_i 为 X 的第 i 列. 计算 B 的伴随算子 B^*.

(答案: $B^*(Z) = ZJ^{\mathrm{T}}$.)

第2章 凸集和锥

2.1 凸 集

定义 2.1 对 $\mathbb{R}^n$ 中的一子集 C, 如果有

$$(1-\lambda)x+\lambda y\in C,\quad \forall\, x,y\in C,\quad \forall\, 0<\lambda<1,$$

则称 C 是凸集.

补充：有的书籍中将 $0<\lambda<1$, 改为 $0\leqslant\lambda\leqslant1$, 其实两者是相同的. 因为当 $\lambda=0$ 时, $(1-\lambda)x+\lambda y=x\in C$; 当 $\lambda=1$ 时, $(1-\lambda)x+\lambda y=y\in C$.

平面上的线段、三角形和圆盘是凸集, $\mathbb{R}^n$ 中的仿射集是凸集 (也意味着 $\mathbb{R}^n$ 和 $\varnothing$ 都是凸集), $\mathbb{R}^n$ 中的半空间是凸集. 部分凸集和非凸集的例子[3] 见图 2.1.

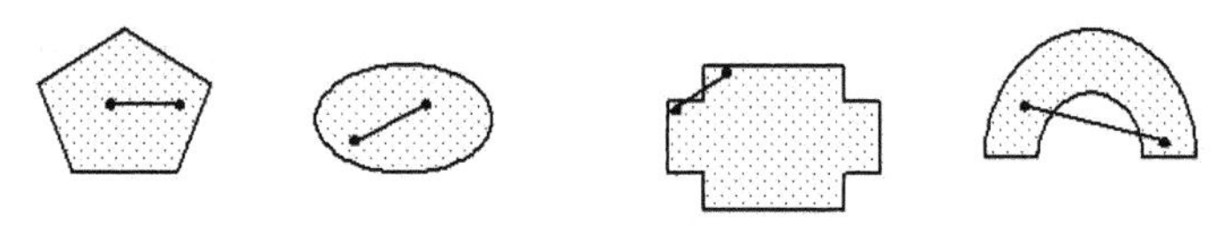

图 2.1 凸集合非凸集示意图

例子 2.1 令 $\|x\|_0$ 表示向量 $x\in\mathbb{R}^n$ 中非零分量的个数, 则通常称 $\|x\|_0$ 为向量 x 的零范数. 记 $C=\{x\in\mathbb{R}^3\mid\|x\|_0\leqslant2\}$, 则 C 不是凸集.

因为对任意的 $x=(x_1,x_2,x_3)$, $y=(y_1,y_2,y_3)\in C$, 任意的 $0<\lambda<1$, 由 x, $y\in C$, 取 $x_1=0$, x_2, x_3 不为 0, y_1 不为 0, $y_2=y_3=0$. 由

$$(1-\lambda)x+\lambda y=(\lambda y_1,(1-\lambda)x_2,(1-\lambda)x_3)$$

可知, λy_1, $(1-\lambda)x_2$, $(1-\lambda)x_3$ 不为 0, 即 $\|(1-\lambda)x+\lambda y\|_0=3$. 所以有 $(1-\lambda)x+\lambda y\notin C$. 即 C 不是凸集.

定义 2.2 对于任意非零向量 $b\in\mathbb{R}^n$ 和任意实数 $\beta\in\mathbb{R}$, 集合

$$\{x\in\mathbb{R}^n \mid \langle x,b\rangle\leqslant\beta\},$$

$$\{x\in\mathbb{R}^n \mid \langle x,b\rangle\geqslant\beta\}$$

叫作闭半空间; 而集合

$$\{x\in\mathbb{R}^n \mid \langle x,b\rangle>\beta\},$$

$$\{x\in\mathbb{R}^n \mid \langle x,b\rangle<\beta\}$$

叫作开半空间.

例子 2.2 在 $\mathbb{R}^2$ 中, 令 $x=(x_1,x_2)$, $b=(b_1,b_2)$, 则

$$\langle x,b\rangle=x_1b_1+x_2b_2,$$

令 $b_1=-1$, $b_2=1$, $\beta=1$, 则

$$\langle x,b\rangle=x_2-x_1.$$

将 b 及 β 代入定义 2.2 即得到四个对应的半空间. 其中两个闭半空间如图 2.2 所示.

注意: 如果对某个实数 $\lambda\neq0$, 用 λb 和 $\lambda\beta$ 代替 b 和 β, 则得到同样的四个半空间. 因此这些半空间只依赖于超平面 $H=\{x\in\mathbb{R}^n \mid \langle x,b\rangle=\beta\}$. 更明白地讲, 开半空间和闭半空间都对应于一个固定的超平面.

定理 2.1 任意多个凸集的交集仍然是凸集.

推论 2.1 设 $b_i\in\mathbb{R}^n$ 和 $\beta_i\in\mathbb{R}$, $i\in I$, I 是任一指标集, 则集合

$$C=\{x\in\mathbb{R}^n \mid \langle x,b_i\rangle\leqslant\beta_i,\ \forall\, i\in I\}$$

是凸集.

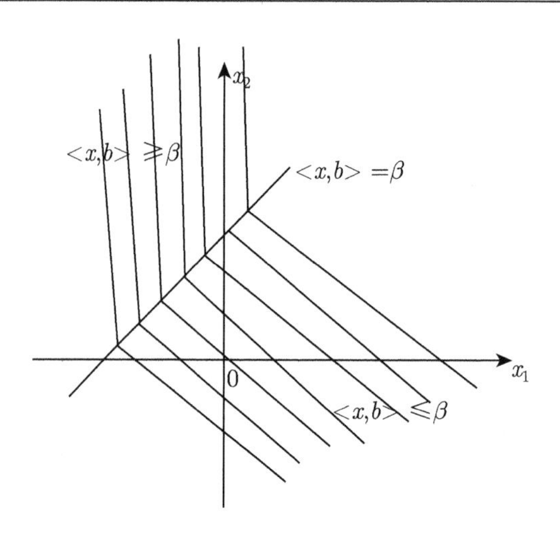

图 2.2 闭半空间及超平面

证明 记 $C_i = \{x \mid \langle x, b_i\rangle \leqslant \beta_i\}$. 则 C_i 或是一个半空间, 或是全空间 $\mathbb{R}^n$, 或是空集 $\varnothing$. 当 $b_i \neq 0$ 时, C_i 是半空间; 当 $b_i = 0$ 时, 有 $\langle x, 0\rangle \leqslant \beta_i$, 即 $0 \leqslant \beta_i$. 即, 当 $b_i = 0$, $\beta_i \geqslant 0$ 时, C_i 是全空间 $\mathbb{R}^n$; 当 $b_i = 0$, $\beta_i < 0$ 时, C_i 是空集. 因为闭半空间, 全空间 $\mathbb{R}^n$, $\varnothing$ 都是凸集, 而 $C = \bigcap\limits_{i\in I} C_i$, 由定理 2.1 得 C 是凸集. □

注意: 上面的 C 不一定是半空间. 如果上述不等号分别用 $\geqslant$, $>$, $<$ 或者 $=$ 代替, 显然上述推论还是成立的, 所以联立线性不等式和方程组的解集合是 $\mathbb{R}^n$ 中的凸集.

例子 2.3[6] 线性规划的一般形式为

$$\begin{cases} \min\limits_{x\in\mathbb{R}^n} & c^{\mathrm{T}}x \\ \text{s.t.} & a_i^{\mathrm{T}}x = b_i,\ i = 1, \cdots, m, \\ & x \geqslant 0. \end{cases} \tag{2.1}$$

其中, $c \in \mathbb{R}^n$, $a_i \in \mathbb{R}^n$, $i = 1, \cdots, m$, $b = (b_1, \cdots, b_m)^{\mathrm{T}} \in \mathbb{R}^m$ 均为已

知向量. 则由推论 2.1 知, 线性规划的可行域

$$\{x \in \mathbb{R}^n \mid a_i^{\mathrm{T}} x = b_i,\ i = 1, \cdots, m,\ x \geqslant 0\}$$

为凸集.

定义 2.3 $\mathbb{R}^n$ 中可被表示成有限多个闭半空间的交集形式的集合叫作凸多面集.

例子 2.4 对于形如例子 2.3 的线性规划, 其等式约束可表示为

$$a_i^{\mathrm{T}} x \geqslant b_i,\ a_i^{\mathrm{T}} x \leqslant b_i, \quad i = 1, \cdots, m.$$

故线性规划的可行域是凸多面集.

定义 2.4 如果系数 $\lambda_i \geqslant 0$, 且 $\sum\limits_{i=1}^{m} \lambda_i = 1$, 则向量组合 $\lambda_1 x_1 + \cdots + \lambda_m x_m$ 是 $x_1, \cdots, x_m$ 的凸组合.

在许多情况下, $\lambda_1, \cdots, \lambda_m$ 可以解释成概率或比例.

例子 2.5 $\mathbb{R}^3$ 中, $x_1, \cdots, x_m$ 为 m 个具有质量 $\alpha_1, \cdots, \alpha_m$ 的质点, 其重心为

$$\lambda_1 x_1 + \cdots + \lambda_m x_m,$$

其中$\lambda_i = \dfrac{\alpha_i}{\alpha_1 + \cdots + \alpha_m}$. 在这种凸组合中, λ_i 表示点 x_i 的质量占总质量的比例.

特别地, 如图 2.3 所示, 设三角形的顶点坐标 $A = (x_1, y_1)$, $B = (x_2, y_2)$, $C = (x_3, y_3)$, 则该三角形的几何重心坐标为 $O = \left(\dfrac{x_1 + x_2 + x_3}{3}, \dfrac{y_1 + y_2 + y_3}{3}\right)$.

定理 2.2 $\mathbb{R}^n$ 的子集是凸集当且仅当它包含其内元素的所有凸组合.

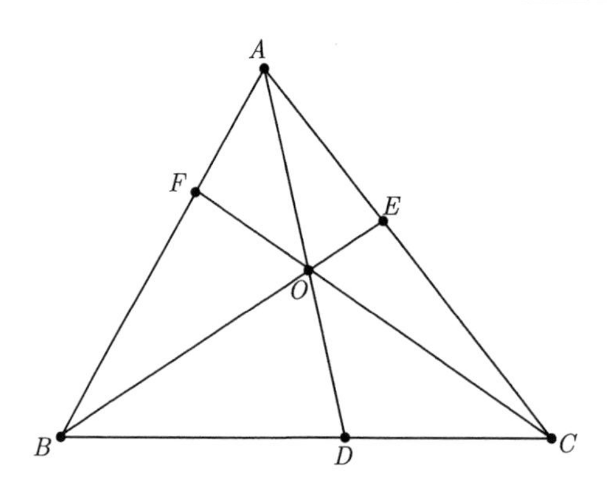

图 2.3　三角形及其重心

证明　(充分性)　设 $\mathbb{R}^n$ 的子集为 C. 由条件可知, C 的任意两个元素 x_1 和 x_2 的凸组合也是 C 的元素, 所以 C 是凸集.

(必要性)　用归纳法证明. 假定 C 是凸集, 对任意的 x_1, $x_2 \in C$, $0 \leqslant \lambda_1$, $\lambda_2 \leqslant 1$, 由凸性, 我们有 $\lambda_1 x_1 + \lambda_2 x_2 \in C$. 当 $2 < r < m$ 时, 我们做归纳假设. 设 $r = m-1$ 时结论成立. 则 $r = m$ 时, 对任意的 $x_i \in C$, $0 \leqslant \lambda_i \leqslant 1$, $\sum\limits_{i=1}^{m} \lambda_i = 1$, $i = 1, \cdots, m$, 考虑 $x = \lambda_1 x_1 + \lambda_2 x_2 + \cdots + \lambda_m x_m$, 则系数 λ_i 中一定存在 i, 使得 $\lambda_i \neq 1$(否则 $\lambda_1 + \cdots + \lambda_m \neq 1$). 不妨设 $\lambda_1 \neq 1$. 则有

$$x = \lambda_1 x_1 + (1-\lambda_1)\left(\frac{\lambda_2}{1-\lambda_1} x_2 + \cdots + \frac{\lambda_m}{1-\lambda_1} x_m\right),$$

其中

$$\frac{\lambda_2}{1-\lambda_1} + \cdots + \frac{\lambda_m}{1-\lambda_1} = \frac{\lambda_2 + \cdots + \lambda_m}{1-\lambda_1} = 1.$$

令

$$y = \frac{\lambda_2}{1-\lambda_1} x_2 + \cdots + \frac{\lambda_m}{1-\lambda_1} x_m.$$

由归纳假设, 有 $y \in C$. 所以

$$x = \lambda_1 x_1 + (1-\lambda_1) y \in C.$$

结论成立. □

2.2 凸　包

定义 2.5 设 $S \subset \mathbb{R}^n$, 则包含 S 的所有凸集的交称为 S 的凸包, 用 $\text{conv}S$ 表示.

由定理 2.1 知, $\text{conv}S$ 是凸集, 且是包含 S 的唯一的最小凸集.

例子 2.6 平面点集 $S = \{p_0, p_1, \cdots, p_{12}\}$ 的凸包如图 2.4 所示, 它是包含 S 中所有点的最小的凸多边形.

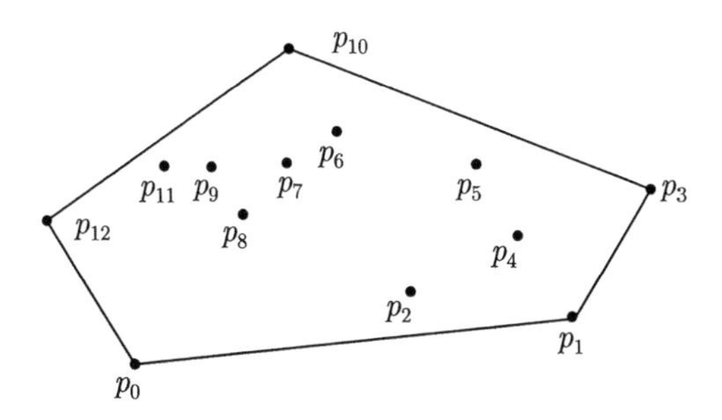

图 2.4 平面点集 S 的凸包

定理 2.3 设 $S \subset \mathbb{R}^n$, 则 $\text{conv}S$ 是由 S 中元素的所有凸组合构成的.

证明 设 S 中元素的所有凸组合的集合为 C, 先证 $C \subset \text{conv}S$. 因为 $\text{conv}S$ 是凸集, 且 $S \subset \text{conv}S$, 由凸包是包含其元素的所有凸组合, 所以 S 的凸组合包含于 $\text{conv}S$, 即 $C \subset \text{conv}S$.

再证 $\text{conv}S \subset C$. 首先证明 C 为凸集. 对任意的 $x \in C$, $y \in C$, 有

$$x = \lambda_1 x_1 + \cdots + \lambda_m x_m \in C, \quad y = \mu_1 y_1 + \cdots + \mu_r y_r \in C,$$

且 x_i, $y_j \in S$, $\sum\limits_{i=1}^{m} \lambda_i = 1$, $\sum\limits_{j=1}^{r} \mu_j = 1$. 当 $0 < \lambda < 1$ 时, 有

$$(1-\lambda)x + \lambda y = (1-\lambda)\lambda_1 x_1 + \cdots + (1-\lambda)\lambda_m x_m + \lambda\mu_1 y_1 + \cdots + \lambda\mu_r y_r.$$

而

$$(1-\lambda)\lambda_1+\cdots+(1-\lambda)\lambda_m+\lambda\mu_1+\cdots+\lambda\mu_r=1.$$

所以 $(1-\lambda)x+\lambda y\in C$, 即 C 是凸集. 因为 $S\subset C$, $\text{conv}S$ 是包含 S 的最小凸集, 所以 $\text{conv}S\subset C$. 则 $\text{conv}S=C$, 即 $\text{conv}S$ 是由 S 中元素的所有凸组合构成的. □

推论 2.2 $\mathbb{R}^n$ 中的有限子集 $\{b_0,\cdots,b_m\}$ 的凸包由形如 $\lambda_0 b_0+\cdots+\lambda_m b_m$ 的向量构成, 其中 $\lambda_i\geqslant 0$, $\sum\limits_{i=0}^{m}\lambda_i=1$.

证明 有限子集 $\{b_0,\cdots,b_m\}$的凸包由 $\{b_0,\cdots,b_m\}$ 中所有元素的凸组合 $\lambda_0 b_0+\cdots+\lambda_m b_m\left(\lambda_i\geqslant 0,\ \sum\limits_{i=0}^{m}\lambda_i=1\right)$ 构成. □

定义 2.6 有限点集的凸包叫作多面体.

定义 2.7 如果 $\{b_0,b_1,\cdots,b_m\}$ 是仿射无关的, 则定义 2.6 中的凸包叫作 m 维单纯形, $b_0,\cdots,b_m$ 叫作单纯形的顶点. m 维单纯形的每个点可唯一表示成顶点的凸组合.

证明 下面我们证明 m 维单纯形的每个点可唯一表示成顶点的凸组合. 由 m 维单纯形的定义可知, m 维单纯形的每个点可表示成顶点的凸组合, 下面来证明唯一性. 记 m 维单纯形为 $S^m(b_0,\cdots,b_m)$. 对任意的 $x\in S^m(b_0,\cdots,b_m)$, 令

$$x=\sum_{i=0}^{m}\alpha_i b_i=\sum_{i=0}^{m}\beta_i b_i,$$

且

$$\sum_{i=0}^{m}\alpha_i=\sum_{i=0}^{m}\beta_i=1.$$

设 $\lambda_i=\alpha_i-\beta_i$, 则有

$$\sum_{i=0}^{m}\lambda_i=\sum_{i=0}^{m}(\alpha_i-\beta_i)=0.$$

所以

$$\lambda_0 = -(\lambda_1 + \cdots + \lambda_m).$$

由 $\sum\limits_{i=0}^{m} \lambda_i b_i = 0$, 有

$$\lambda_1(b_1 - b_0) + \cdots + \lambda_m(b_m - b_0) = 0.$$

因为 $\{b_0, b_1, \cdots, b_m\}$ 仿射无关, 即 $b_1 - b_0, \cdots, b_m - b_0$ 线性无关, 所以 $\lambda_1 = \lambda_2 = \cdots = \lambda_m = 0$, 则 $\lambda_i = 0$, 所以 $\alpha_i = \beta_i$. 结论得证. □

当 $m = 0$ 时, 单纯形是个点. 当 $m = 1$ 时, 单纯形是 (闭) 线段. 当 $m = 2$ 时, 单纯形是三角形. 当 $m = 3$ 时, 单纯形是四面体. 记 m 维单纯形为 $S^m(b_0, \cdots, b_m)$, 则单纯形的几何重心为 $\dfrac{1}{m+1}\sum\limits_{i=0}^{m} b_i$.

定义 2.8 一个凸集 C 的维数就是其仿射包的维数.

例子 2.7 一个圆是 2 维的, 无论它所在的空间是多少维的.

定理 2.4 凸集 C 的维数是包含在 C 中全部单纯形族中维数最大的单纯形的维数.

证明 假设包含在 C 中全部单纯形族的最大维数是 m, 即 C 为包含 $m+1$ 个元素的仿射无关的集合. 令 $\{b_0, \cdots, b_m\}$ 是仿射无关的, $b_i \in C$, $i = 0, 1, \cdots, m$. 且令 $M = \text{aff}\{b_0, \cdots, b_m\}$, 由仿射无关的定义有 $\dim M = m$ 且 $M \subset \text{aff}C$, 则有 $C \subset M$(否则存在 $b \in C \setminus M$, 我们有 $\text{aff}\{b_0, \cdots, b_m, b\} = m + 1$, 与最大维数是 m 矛盾!). 故 $\text{aff}C \subset M$, 所以有 $\text{aff}C = M$, 故 $\dim C = m$. □

2.3 锥

定义 2.9 $\mathbb{R}^n$ 的子集 K, 如果它对正数乘封闭, 即对任意的 $x \in K$, 任意的 $\lambda > 0$, $\lambda x \in K$ 成立, 则称 K 为锥.

这样的集合是从原点出发的射线的并, 可以包含原点, 也可以不包含原点.

例子 2.8 如果 K 为图 2.5 中的线段, 则 K 不是锥. 因为取 x 为下端点, $x \in K$, 当 $0 < \lambda < 1$ 时, λx 为虚线部分, 则 $\lambda x \notin K$, 所以 K 不是锥.

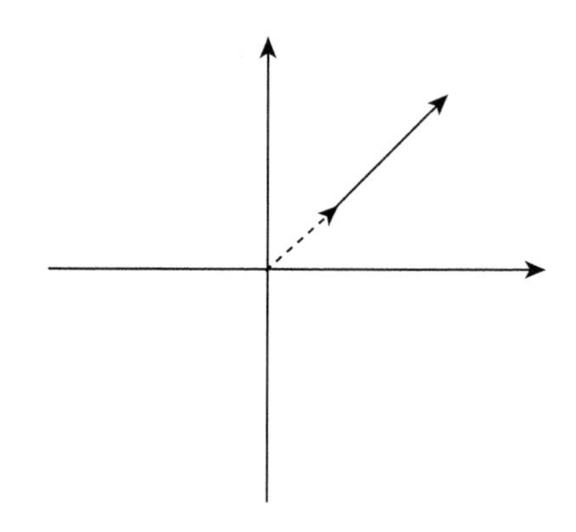

图 2.5 例子 2.8 示意图

如图 2.6 所示, $\{(x,y) \in \mathbb{R}^2 \mid y = |x|\}$ 是锥, 但它不是凸锥. 因为对 $x_1 = (-2,2)$, $x_2 = (1,1)$, 但 $\dfrac{x_1 + x_2}{2} = \left(-\dfrac{1}{2}, -\dfrac{3}{2}\right)$ 不在 $y = |x|$ 上.

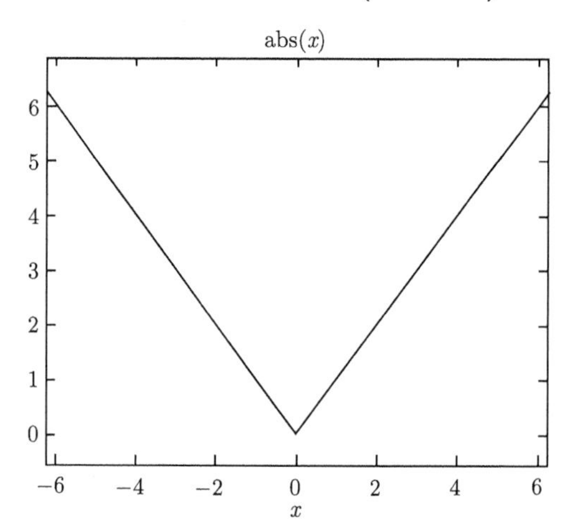

图 2.6 绝对值函数示意图

如果 K 为图 2.7 所示集合, 容易验证 K 是锥. 因为对任意的 $x \in K$, 任意的 $\lambda > 0$, $\lambda x \in K$, 且 K 是凸锥.

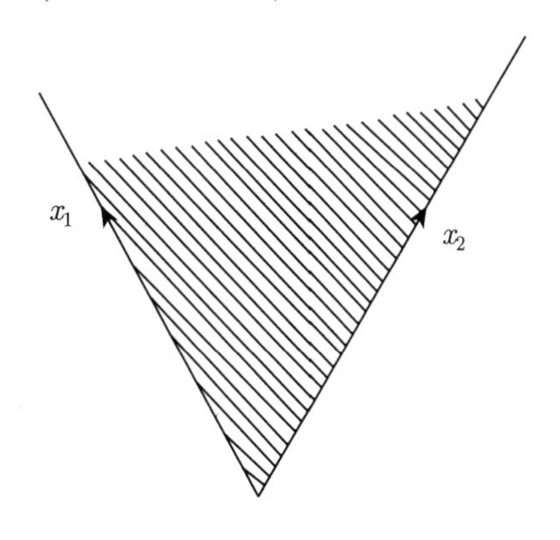

图 2.7 凸锥示意图

定义 2.10 如果一个锥同时是凸集, 则称其为凸锥.

例子 2.9 二阶锥: $\left\{x = (x_1, \cdots, x_n) \in \mathbb{R}^n \mid x_n \geqslant \sqrt{\sum_{i=1}^{n-1} x_i^2}\right\}$.

对称半正定锥: $S_+^n = \{A \in \mathcal{S}^n \mid A \succeq 0\}$.

条件对称半正定锥[7]: $K_+^n = \{X \in \mathcal{S}^n \mid \omega^{\mathrm{T}} X \omega \geqslant 0, \omega \in e^{\perp}\}$.

非负象限锥:$R_+^n := \{x \in R^n \mid x_i \geqslant 0,\ i = 1, \cdots, n\}$.

例子 2.10 $\mathbb{R}^n$ 的子空间, 经过原点的开半空间和闭半空间是凸锥.

两个重要的凸锥如下:

$\mathbb{R}^n$ 中的非负象限

$$\{x = (\xi_1, \cdots, \xi_n) \mid \xi_1 \geqslant 0, \cdots, \xi_n \geqslant 0\}$$

和 $\mathbb{R}^n$ 中的正象限

$$\{x = (\xi_1, \cdots, \xi_n) \mid \xi_1 > 0, \cdots, \xi_n > 0\}.$$

定理 2.5 任意一族凸锥的交仍是凸锥.

推论 2.3 设 $b_i \in \mathbb{R}^n$, $i \in I$, I 是任意指标集, 那么

$$K = \{x \in \mathbb{R}^n \mid \langle x,\ b_i\rangle \leqslant 0,\ i \in I\}$$

是凸锥, 即齐次不等式组的解集是一个凸锥.

证明　令 $K_i = \{x \in \mathbb{R}^n \mid \langle x, b_i\rangle \leqslant 0\}$, 对任意的 $x \in K_i$, $\lambda > 0$, 有

$$\langle \lambda x,\ b_i\rangle = \lambda\langle x, b_i\rangle \leqslant 0.$$

故 $\lambda x \in K_i$, 即 K_i 是锥. 对任意的 $y \in K_i$, $0 \leqslant \alpha \leqslant 1$, 有

$$\langle (1-\alpha)x + \alpha y, b_i\rangle = (1-\alpha)\langle x, b_i\rangle + \alpha\langle y, b_i\rangle \leqslant 0.$$

即 K_i 是凸集. 所以 K_i 是凸锥. 由定理 2.5 知, $K = \bigcap\limits_{i\in I} K_i$ 是凸锥. □

当然, 推论 2.3 中的 $\leqslant 0$ 可以改写成 $\geqslant 0, > 0, < 0$ 或 $= 0$, 因此齐次不等式组的解集是一个凸锥. 如果不等式是非齐次的, 它只是凸集.

定理 2.6　$\mathbb{R}^n$ 中的子集是凸锥, 当且仅当它对加法和正的数乘运算封闭 (设此子集为 K).

证明　($\Rightarrow$) 因为 K 是凸锥, 所以对任意的 $x \in K$, $y \in K$ 及任意的 $0 < \lambda < 1$, 有 $(1-\lambda)x + \lambda y \in K$. 取 $\lambda = \frac{1}{2}$, 有 $\frac{1}{2}x + \frac{1}{2}y \in K$, 令 $z = \frac{1}{2}x + \frac{1}{2}y \in K$, 所以 $2z = x + y \in K$(因为 K 对正的数乘封闭).

($\Leftarrow$)　因为 K 对正的数乘封闭, 因此 K 为锥. 故对任意的 x, $y \in K$ 及任意的 $0 < \lambda < 1$, 有 $0 < 1-\lambda < 1$, $(1-\lambda)x \in K$, $\lambda y \in K$. 因为 K 对加法封闭, 故 $(1-\lambda)x + \lambda y \in K$. 所以 K 是凸锥. □

推论 2.4　$\mathbb{R}^n$ 中的子集 K 是凸锥当且仅当它包含了其内部元素所有的正线性组合(即线性组合 $\lambda_1 x_1 + \cdots + \lambda_m x_m$, 其中 $\lambda_i > 0$, $x_i \in K$).

证明　因为凸锥对加法和正的数乘运算封闭, 故结论显然. □

推论 2.5　设 S 是 $\mathbb{R}^n$ 的子集, K 是 S 中元素的所有正线性组合的集合, 那么 K 是包含 S 的最小的凸锥.

证明 令 $K=\{\sum\limits_{i\in I}\lambda_i x_i \mid \ x_i\in S,\ \lambda_i>0$, 对任意的 $i\in I\}$. 对任意的 $y,\ z\in K$, 有

$$y=\lambda_1 y_1+\cdots+\lambda_m y_m,\quad z=\mu_1 z_1+\cdots+\mu_r z_r,$$

其中 $y_i,\ z_j\in S,\ \lambda_i,\ \mu_j>0, i=1,\cdots,m,\ j=1,\cdots,r$. 因此

$$y+z=\lambda_1 y_1+\cdots+\lambda_m y_m+\mu_1 z_1+\cdots+\mu_r y_r\in K.$$

可知 K 对加法封闭. 对任意的 $\lambda>0$, 有

$$\lambda y=\lambda\lambda_1 y_1+\cdots+\lambda\lambda_m y_m\in K.$$

可知 K 对数乘封闭. 因此 K 为凸锥. 且 $S\subset K$, 因此 K 是包含 S 的凸锥. 对任意的凸锥 $K'\supset S$, 由推论 2.4 知 $K'\supset K$. 即 K 是包含 S 的最小凸锥. □

推论 2.6 设 C 是凸集, $K=\{\lambda x \mid \ \lambda>0,\ x\in C\}$, 则 K 是包含 C 的最小的凸锥.

证明 令 $K'=\{\sum\limits_{i\in I}\lambda_i x_i \mid x_i\in S,\ \lambda_i>0$, 对任意的 $i\in I\}$, 由推论 2.5 有 K' 是包含 C 的最小凸锥, 下面我们需要证明 $K'=K$. 对任意的 $x\in K$, 有 $\lambda>0,\ x\in C$ 满足 $x=\lambda x'$ i.e. $x\in K'$, 即 $K\subset K'$. 对任意非零 $z\in K'$, 则存在 $z_i\in C,\ \mu_i>0$, 对任意的 $i\in I$ 使得

$$z=\mu_1 z_1+\cdots+\mu_r z_r=\mu\left(\frac{\mu_1}{\mu}z_1+\cdots+\frac{\mu_r}{\mu}z_r\right)\in K$$

(令 $\mu=\mu_1+\cdots+\mu_r>0$), 其中

$$\frac{\mu_1}{\mu}z_1+\cdots+\frac{\mu_r}{\mu}z_r\in C,$$

(因为 C 是凸集), 所以 $K'\subset K$. 因此 $K'=K$. □

定义 2.11　推论 2.5(或推论 2.6)中的锥加上原点后得到的凸锥叫作由 S(或 C) 生成的凸锥, 记为 cone$S$ (cone$C$).

注意: 由 S 生成的凸锥与包含 S 的最小凸锥是不一样的, 除非包含 S 的最小凸锥恰好包含原点.

例子 2.11　如图 2.8 所示, 阴影部分表示的集合表示由 S 生成的凸锥. 它与包含 S 的最小凸锥的唯一区别为: 它包含原点而包含 S 的最小凸锥不包括原点.

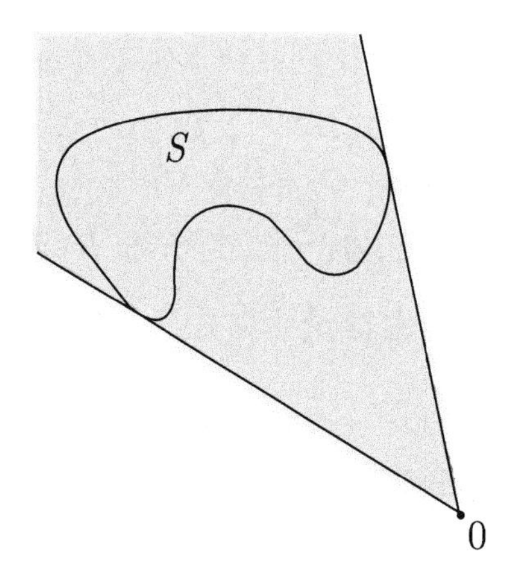

图 2.8　例子 2.11 示意图

若 $S \neq \varnothing$, cone$S$ 由 S 中元素的所有非负线性组合构成. 显然地, cone$S$ = conv(ray$S$). 其中 ray$S$ 是原点和由非零向量 $y \in S$ 生成的射线 (具有 $\{\lambda y \mid \lambda \geqslant 0\}$ 形式的半直线) 的并, 即

$$\text{ray}S = \{0\} \bigcup \{\lambda y \mid \lambda > 0, \forall y \in S, y \neq 0\}.$$

就像椭圆面可被看成一个实圆锥的某个横截面, $\mathbb{R}^n$ 中的每个凸集 C 都可以看成 $\mathbb{R}^{n+1}$ 中某凸锥 K 的一个截面. 事实上, 令 K 是由 $\mathbb{R}^{n+1}$ 中的 $\{(1, x) \mid x \in C\}$ 集合生成的凸锥, 则 K 由 $\mathbb{R}^{n+1}$ 中的原点和 $(\lambda, \lambda x)$ 组成, 且 $\lambda > 0$, $x \in C$, K 与超平面 $\{(\lambda, y) \mid \lambda = 1\}$ 的交集可以认为

是 C.

注 2.1　这里强调一下两个容易混淆的定义: 对凸集 C,

(1) K 是由 C 生成的 $\mathbb{R}^n$ 上的凸锥, 则 $K = \{\lambda x \mid \lambda \geqslant 0, x \in C\} \bigcup \{\mathbf{0}\}$.

(2) $\mathcal{K}$ 是由 $(1, x)$, $x \in C$ 生成的 $\mathbb{R}^{n+1}$ 上的凸锥, $\mathcal{K} = \{(\lambda, \lambda x) | \lambda \geqslant 0, x \in C\}$. $\mathcal{K}$ 的每一个截面都是一个凸集, 且每个凸锥都与一个凸集唯一对应.

例子 2.12　$C = [0,1] \in \mathbb{R}$. 由 C 生成的凸锥为 $K = \{\lambda \mid \lambda \geqslant 0\} \in \mathbb{R}$, 是 x 轴的正半轴. $\mathcal{K} = \{(\lambda, \lambda x) | x \in [0,1]\} \in \mathbb{R}^2$, 如图 2.9 所示.

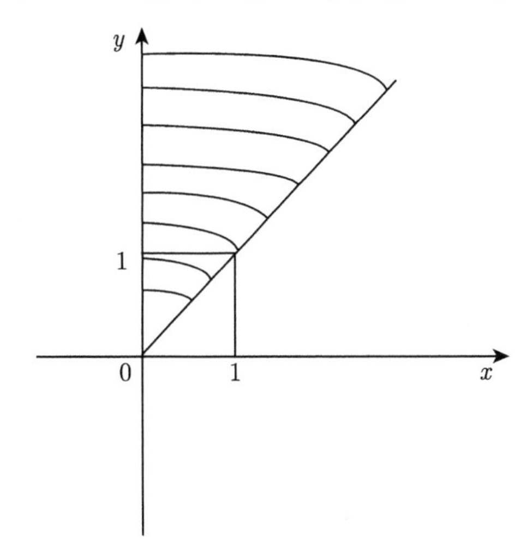

图 2.9　$C = [0,1] \subset \mathbb{R}$ 对应的凸锥 K 及 $\mathcal{K}$

2.4 法　锥

定义 2.12　向量 x^* 被认为是凸集 C 在点 a 的法线, $a \in C$, 如果 x^* 不与 C 中任一以 a 为端点的线段成锐角, 即

$$\langle x - a, x^* \rangle \leqslant 0, \quad \forall\, x \in C.$$

例如, 若 C 是半空间 $\{x|\langle x,b\rangle \leqslant \beta\}$, a 满足 $\langle a,b\rangle=\beta$, 则 b 是 C 在 a 点的法线. 因为 b 满足对任意的 $x\in C$, 有 $\langle x-a,b\rangle=\langle x,b\rangle-\langle a,b\rangle\leqslant 0$.

定义 2.13 所有 C 在 a 点的法向量 x^* 组成的集合叫作 C 在点 a 的法锥. 记为 $N_C(a)$. 即

$$N_C(a)=\begin{cases}\{d \mid \langle d,z-a\rangle\leqslant 0,\ \forall\ z\in C\}, & a\in C,\\ \varnothing, & \text{否则}.\end{cases}$$

注 2.2 不管 C 是否为凸集, 其在某个点处的法锥都是凸集.

例子 2.13 如图 2.10 所示, C 为线段时, 若 a 不在端点, C 在点 a 的法锥为过 a 点与 C 垂直的向量 (即向量 x 和 $-x$); 若 a 在左端点, 则 C 在点 a 的法锥为向量 BD 至向量 BE 的沿顺时针方向的所有向量组成的集合.

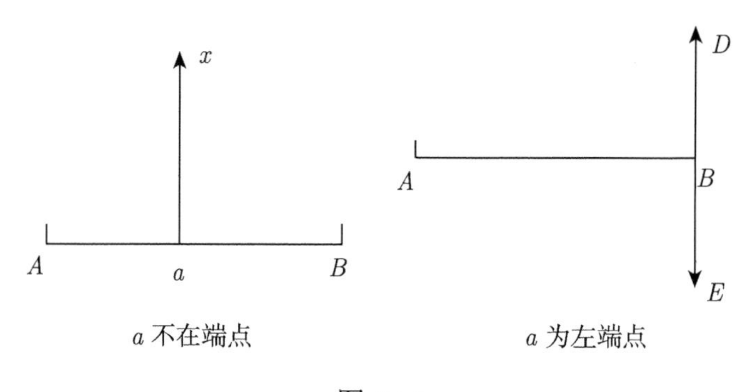

图 2.10

例子 2.14 如图 2.11 所示, 凸集 $C=\{(x,y)\mid\ y\geqslant|x|\}$ 时, C 在原点的法锥为向量 OD 至向量 OE 的沿顺时针方向的所有向量组成的集合.

例子 2.15 如图 2.12 所示, C 为立方体时, 若点 a 在立方体的面上时, 则在点 a 的法锥为垂直于该面且指向立方体外的射线; 若点 a 在立方体棱上时, 在点 a 的法锥为图中阴影部分所示的所有向量集合.

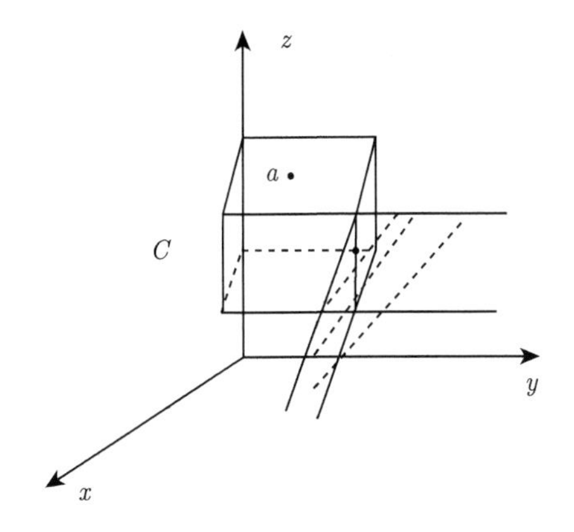

图 2.11　例子 2.14 示意图

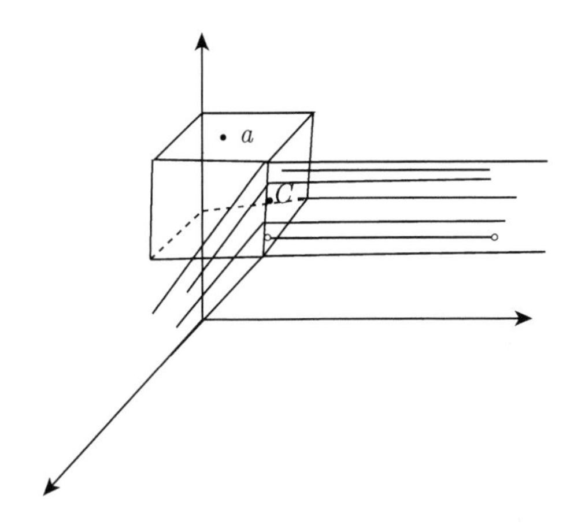

图 2.12　例子 2.15 示意图

定义 2.14　$\mathbb{R}^n$ 中锥 C 的极锥 C° 定义为

$$C^\circ = \{y \in \mathbb{R}^n \mid \langle y, x\rangle \leqslant 0,\ \forall\ x \in C\}.$$

定义 2.15　$\mathbb{R}^n$ 中锥 C 的对偶锥 C^* 定义为

$$C^* = \{y \in \mathbb{R}^n \mid \langle y, x\rangle \geqslant 0,\ \forall\ x \in C\}.$$

注 2.3　不难验证, 对于极锥和对偶锥, 有如下关系:

$$C^* = -C^\circ.$$

凸锥的另一个例子是凸集 C 的障碍锥. 定义如下.

定义 2.16 设 C 为凸集. 其障碍锥是如下 x^* 的集合. 存在 $\beta \in \mathbb{R}$, 使得对任意的 $x \in C$, 有 $\langle x,\ x^* \rangle \leqslant \beta$.

定理 2.7 设 K 是包含 0 的凸锥, 则存在包含 K 的最小的子空间, 即

$$K - K = \{x - y \mid x \in K,\ y \in K\} = \mathrm{aff} K,$$

并且存在在 K 中的最大的子空间, 即

$$(-K)\bigcap K,$$

记为 $\mathrm{lin} K$.

证明 (1) 先证明 $K - K$ 是包含 K 的最小子空间. $K - K = \{x - y \mid x \in K,\ y \in K\} = \mathrm{aff} K$. 由仿射包的定义且因为 K 包含原点, 我们知道 $\mathrm{aff} K$ 是包含 K 的最小子空间. 下面仅需证明 $K - K = \mathrm{aff} K$. 分为三步来证明. 第一步, 证明 $K \subset K - K$. 事实上, 对任意的 $x \in K$, $x = x - 0 \in K - K$. 第二步, 证明 $K - K$ 是子空间. 对任意的 $z_1,\ z_2 \in K - K$, $\lambda \in \mathbb{R}$, 存在 $x_1,\ x_2,\ y_1,\ y_2 \in K$ 使得 $z_1 = x_1 - y_1,\ z_2 = x_2 - y_2$. 因此

$$z_1 + z_2 = (x_1 + x_2) - (y_1 - y_2) \in K - K.$$

其中 $x_1 + x_2 \in K,\ y_1 + y_2 \in K$. 故 K 对加法封闭. 对任意的 $\lambda \in \mathbb{R}$, 如果 $\lambda > 0$, 则 $\lambda x_1,\ \lambda y_1 \in K$, 因而有 $\lambda z_1 = \lambda x_1 - \lambda y_1 \in K$; 如果 $\lambda < 0$, 则 $(-\lambda) y_1,\ (-\lambda) x_1 \in K$, 故有

$$\lambda z_1 = (-\lambda) y_1 - (-\lambda) x_1 \in K.$$

综合两种情况, 说明对任意的 $\lambda \in \mathbb{R}$, 有 $\lambda z_1 \in K$. 即 K 对乘法封闭. 第三步, 证明 $K - K$ 是最小子空间. 对任意的子空间 $B \subseteq K$, 有

$K - K \subseteq B$. 事实上, 对任意的 $z \in K - K$, 存在 $x,\ y \in K \subseteq B$, 使得 $z = x - y \in B$. 所以 $K - K$ 是包含 K 的最小子空间且 $K - K = \text{aff}K$.

(2) 下面证明 $(-K)\bigcap K$ 是在 K 中的最大的子空间. 分三步来证明. 第一步, 证明 $(-K)\bigcap K \subset K$. 对任意的 $x \in (-K)\bigcap K$, 有 $x \in -K$ 且 $x \in K \Rightarrow (-K)\bigcap K \subset K$. 第二步, 证明 $(-K)\bigcap K$ 是子空间. 对任意的 $z_1,\ z_2 \in (-K)\bigcap K,\ \lambda \in R$, 有 $z_1 \in -K,\ z_1 \in K$, 且 $z_2 \in -K,\ z_2 \in K$, $z_1 + z_2 \in (-K)\bigcap K$, 故 K 对加法封闭. $\lambda z_1 \in -K,\ \lambda z_1 \in K$, 即 $\lambda z_1 \in (-K)\bigcap K$, 故 K 对乘法封闭. 第三步, 证明 $(-K)\bigcap K$ 是最大子空间. 对任意的子空间 $B \subseteq K$, 证明 $B \subseteq (-K)\bigcap K$. 事实上对任意的 $z \in B$, 有 $z \in K$, 又因为 B 是子空间, 所以 $-z \in B$, 则 $-z \in K$, 所以 $B \subseteq (-K)\bigcap K$. 故 $(-K)\bigcap K$ 是在 K 中的最大的子空间. □

练 习 题

练习 2.1 记 $\text{rank}(X)$ 为矩阵 $X \in \mathbb{R}^{m\times n}$ 的秩. 证明: 若 $r < \min\{m,n\}$, 则集合 $\{X \in \mathbb{R}^{m\times n} \mid \text{rank}(X) \leqslant r\}$ 不是凸集.

练习 2.2 令 $K = \mathbb{R}^n_+$, 计算 $\text{aff}K, \text{lin}K, K^\circ, K^*$.

练习 2.3 用 $X \succeq 0$ 表示 X 为对称半正定矩阵. $\mathcal{S}^n_+$ 表示所有 $n \times n$ 对称半正定矩阵构成的集合, 即

$$\mathcal{S}^n_+ = \{X \in \mathcal{S}^n \mid X \succeq 0\}.$$

令 $K = \mathcal{S}^n_+$. 计算 $\text{aff}K, \text{lin}K, K^\circ, K^*$.

第3章　凸集的代数运算

3.1　凸集的倍数

例子 3.1　如果 C 是 $\mathbb{R}^n$ 中的凸集, 则每个平移 $C+a$, 每个数乘 λC 也是 $\mathbb{R}^n$ 中的凸集, 其中

$$a \in \mathbb{R}^n, \quad \lambda C = \{\lambda x \mid x \in C\}.$$

在几何中, 若 $\lambda > 0$, 则 λC 可看成 C 中元素扩张或收缩 λ 倍得到的象. 若 $0 \notin C$, C 与 $2C$ 如图 3.1 所示.

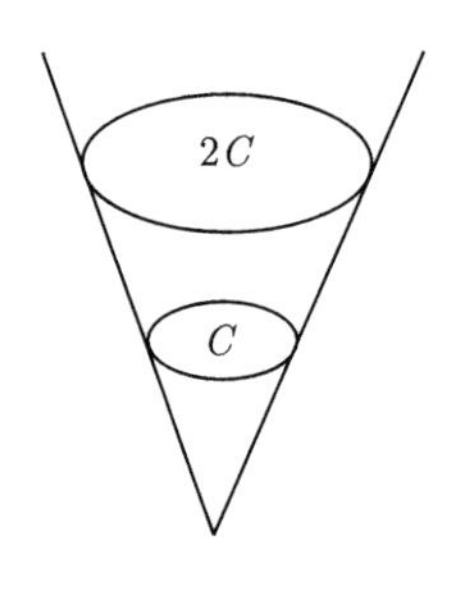

图 3.1　C 与 $2C$

定义 3.1　C 过原点的对称反射为 $-C=(-1)C$. 若 $-C=C$, 则称凸集 C 是对称的.

对称的非空凸集必包含原点. 它包含每个向量 $x, -x$ 以及 x 与 $-x$ 之间的线段. 由定理 2.7 知, 非空对称锥是子空间.

3.2　凸集的运算法则

下面简单回顾线性空间的性质. 设 V 为线性空间, $\alpha, \beta, \gamma \in V, \lambda, \mu \in$

$\mathbb{R}$. 线性空间满足以下 8 条性质.

(1) $\alpha+\beta=\beta+\alpha$;

(2) $(\alpha+\beta)+\gamma=\alpha+(\beta+\gamma)$;

(3) V 中存在零元 $\mathbf{0}$, 对 $\forall\alpha\in V, \alpha+\mathbf{0}=\alpha$;

(4) $\forall\alpha\in V$, 都有 α 的负元素 $\beta\in V$, 使得 $\alpha+\beta=0$;

(5) $\mathbf{1}\alpha=\alpha$;

(6) $\lambda(\mu\alpha)=(\lambda\mu)\alpha$;

(7) $(\lambda+\mu)\alpha=\lambda\alpha+\mu\alpha$;

(8) $\lambda(\alpha+\beta)=\lambda\alpha+\lambda\beta$.

记凸集构成的集合为 $\mathcal{C}=\{C\in\mathbb{R}^n \mid C\text{为凸集}\}$. 现检查 $\mathcal{C}$ 是否满足以上 8 条性质.

定理 3.1 若 C_1, C_2 是 $\mathbb{R}^n$ 中的凸集, 则 $C_1+C_2=\{x_1+x_2 \mid x_1\in C_1, x_2\in C_2\}$ 也是 $\mathbb{R}^n$ 中的凸集.

证明 由集合加法的定义, 对任意的 $x, y\in C_1+C_2$, 存在 x_1, $y_1\in C_1$, x_2, $y_2\in C_2$, 使得

$$x=x_1+x_2, \quad y=y_1+y_2.$$

对任意 $\lambda\in(0,1)$, 有

$$(1-\lambda)x+\lambda y=((1-\lambda)x_1+\lambda y_1)+((1-\lambda)x_2+\lambda y_2)\in C_1+C_2.$$

因此, C_1+C_2 是凸集. □

实际上, 可以把 C_1+C_2 写成更通俗的形式.

$$\begin{aligned} C_1+C_2 &= \{x_1+x_2 \mid x_1\in C_1,\ x_2\in C_2\} \\ &= \{t \mid \forall x_1\in C_1, t-x_1\in C_2\} \\ &= \bigcup_{x_1\in C_1}\{t \mid t\in C_2+x_1\} \\ &= \bigcup_{x_1\in C_1}(x_1+C_2). \end{aligned}$$

下面证明

$$C_1+C_2=\bigcup_{x_1\in C_1}(x_1+C_2).$$

对任意的 $y\in C_1+C_2$, 存在 $x_1\in C_1$, $x_2\in C_2$, 使得 $y=x_1+x_2\in C_1+C_2$. 那么 y 也一定包含于 $\bigcup\limits_{x_1\in C_1}(x_1+C_2)$. 反之, 对于任意 $z\in\bigcup\limits_{x_1\in C_1}(x_1+C_2)$, 存在 $x_1\in C_1$, 使得 $z\in x_1+C_2$. 因而存在 $x_2\in C_2$, 使得 $z=x_1+x_2\in C_1+C_2$, 故 $\bigcup\limits_{x_1\in C_1}(x_1+C_2)\subset C_1+C_2$. 因此 $C_1+C_2=\bigcup\limits_{x_1\in C_1}(x_1+C_2)$.

若 C_1 是任一凸集, C_2 是非负象限, 由定理 3.1 知

$$C_1+C_2=\{x_1+x_2 \mid x_1\in C_1, x_2\geqslant 0\}=\{x \mid \ \exists x_1\in C_1, 使得 x_1\leqslant x\}$$

是凸集.

由集合 C 的凸性可得到 $(1-\lambda)C+\lambda C\subset C$, $0<\lambda<1$. 实际上, 有 $(1-\lambda)C+\lambda C=C$.

由定理 2.6, 集合 K 是凸锥当且仅当对任意的 $\lambda>0$, 有 $\lambda K\subset K$, 且 $K+K\subset K$.

若 $C_i(i=1,2,\cdots,m)$ 是凸集, 则线性组合 $C=\lambda_1C_1+\lambda_2C_2+\cdots+\lambda_mC_m$ 也是凸集. 当 $\lambda_i\geqslant 0$, $\sum\limits_{i=1}^{m}\lambda_i=1$ 时, C 称为 $C_1,\cdots,C_m$ 的凸组合. 在几何上, C 可以看作 $C_1,\cdots,C_m$ 的某种混合. 例如, 令 C_1,C_2 分别为 $\mathbb{R}^2$ 中的正四边形和圆盘, $\lambda\in[0,1]$, $C=(1-\lambda)C_1+\lambda C_2$, 在 λ 从 0 变到 1 时从正四边形变为圆盘 (见图 3.2). 从几何角度出发, 也可以把

$C_1 + C_2$ 看成所有平移 $x_1 + C_2$ 的并, 其中 $x_1 \in C_1$.

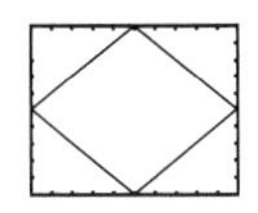 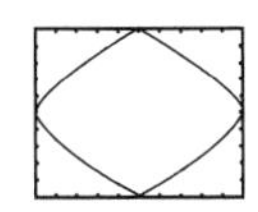 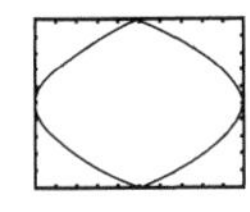 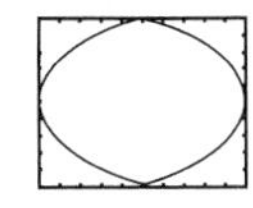 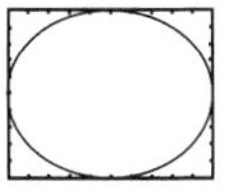

图 3.2 从左到右, 依次是 $\lambda = 0,\ 0.3,\ 0.5,\ 0.7,\ 1$

记 $C,\ C_1,\ C_2$ 为三个集合, $\lambda, \lambda_1, \lambda_2 \in \mathbb{R}$. 即使没有凸性, 我们仍然有如下对应结论成立:

(1) $C_1 + C_2 = C_2 + C_1$;

(2) $\lambda_1(\lambda_2 C_1) = (\lambda_1\lambda_2)C_1$;

(3) $(C_1 + C_2) + C_3 = C_1 + (C_2 + C_3)$;

(4) $\lambda(C_1 + C_2) = \lambda C_1 + \lambda C_2$.

现在讨论 C 中是否有可被称为零元、单位元、加法的逆元的集合. 这分别对应第 (3)(5)(4) 条性质. 可以看到, 只有集合 $\{\mathbf{0}\}$ 才可满足 $C + \{\mathbf{0}\} = C$, 故 $\{\mathbf{0}\}$ 为 C 的零元. 1 可看作是单位元, 因为 $1C = C$. 而对于逆元, C 没有逆元. 只有单点集才存在逆元. 即含有超过一个元素的凸集一定不存在加法的逆元.

对于某些集合来说, 可能存在多个零元. 若我们以普通的集合举例, 三角函数中的 sin, cos, tan 函数的图构成的集合, 即 $A = \{(x,\ \sin x),\ (x,\ \cos x),\ (x,\ \tan x)|x \in \mathbb{R}\}$, 它存在零元 $\{(2k\pi, 0)\}, k \in Z$. 但集合 A 并不是凸集.

而对于线性空间的第 (7) 条, 将会在定理 3.2 给出.

定理 3.2 若 C 是一个凸集, 且 $\lambda_1 \geqslant 0, \lambda_2 \geqslant 0$, 则 $(\lambda_1 + \lambda_2)C = \lambda_1 C + \lambda_2 C$.

证明 先证 $\lambda_1 C + \lambda_2 C \supset (\lambda_1 + \lambda_2)C$. 对任意的 $(\lambda_1 + \lambda_2)x \in$

$(\lambda_1+\lambda_2)C$, 存在 $x_1\in C, x_2\in C$, 有 $\lambda x_1+(1-\lambda)x_2=x\in C$. 所以

$$\begin{aligned}&(\lambda_1+\lambda_2)(\lambda x_1+(1-\lambda)x_2)\\=&\lambda(\lambda_1+\lambda_2)x_1+(1-\lambda)(\lambda_1+\lambda_2)x_2\\=&\lambda_1(\lambda x_1+(1-\lambda)x_1)+\lambda_2(\lambda x_2+(1-\lambda)x_2)\in\lambda_1C+\lambda_2C.\end{aligned}$$

再证 $\lambda_1C+\lambda_2C\subset(\lambda_1+\lambda_2)C$. 对任意的 $x\in\lambda_1C+\lambda_2C$, 存在 $x_1\in C, x_2\in C$, 使得

$$x=\lambda_1x_1+\lambda_2x_2.$$

因此

$$\frac{x}{\lambda_1+\lambda_2}=\frac{\lambda_1}{\lambda_1+\lambda_2}x_1+\frac{\lambda_2}{\lambda_1+\lambda_2}x_2\in C.$$ □

注 3.1　要保证 $\frac{\lambda_1}{\lambda_1+\lambda_2}x_1+\frac{\lambda_2}{\lambda_1+\lambda_2}x_2$ 是凸组合, 必要求 $\frac{\lambda_1}{\lambda_1+\lambda_2}\geqslant 0, \frac{\lambda_2}{\lambda_1+\lambda_2}\geqslant 0$, 故要求 λ_1,λ_2 同正同负.

3.3　上界与下界

注 3.2　给定任意凸集 $C_1, C_2\subset\mathbb{R}^n$, 包含于 C_1 和 C_2 的最大凸集 (且唯一) 是 $C_1\bigcap C_2$, 对 $\forall x\in C_1$ 且 $x\in C_2$, 都有 $x\in C_1\bigcap C_2$, 这是 $C_1\bigcap C_2$ 的最大性. 包含 C_1, C_2 的最小凸集是 $\mathrm{conv}(C_1\bigcup C_2)$, 由集合的凸包的定义即可得出最小性.

定义 3.2　设 R 是集合 V 上的一个二元关系. 若 R 满足自反性、对称性、传递性, 则 R 称为 V 上的偏序关系. (V,R) 叫作偏序集. 完全格是在其所有子集都有上下确界的偏序集.

我们可以把集合 $\{C_i\mid i\in I, C_i$为凸集$\}$ 看作是定义了包含关系的偏序集. 则有 $\mathbb{R}^n$ 上的凸子集构成的集族是一个完全格. 其上下确界正如以

上交集和并集的凸包所定义. 即任意两个凸集的上确界为 $\operatorname{conv}(C_1\bigcup C_2)$, 任意两个凸集的下确界为 $C_1\bigcap C_2$. 上述结论不仅对凸集的情况成立, 对任意 $\{C_i\mid i\in I\}$ 也成立.

定理 3.3 设 $\{C_i\mid i\in I\}$ 是 $\mathbb{R}^n$ 中任一非空凸集的集族, 令 C 为集族之并的凸包, 则 $C=\bigcup\{\sum\limits_{i\in I}\lambda_iC_i\}$. 其中 "$\bigcup$" 指在所有有限凸组合上取并集.

证明 由题意, 记 $C=\operatorname{conv}(\sum\limits_{i\in I}C_i)$, $N=\bigcup\{\sum\limits_{i\in I}\lambda_iC_i\}$. 即证 $C=N$.

先证 $N\subseteq C$. 对任意的 $x\in N$, 由 $N=\bigcup\{\sum\limits_{i\in I}\lambda_iC_i\}$, 则 $x=\lambda_{i_1}y_{i_1}+\cdots+\lambda_{i_m}y_{i_m}$, 其中 $\lambda_{i_k}\geqslant 0, y_{i_k}\in C_{i_k}, \sum\lambda_{i_k}=1$. 那么 x 可看作 $\sum\limits_{i\in I}C_i$ 中有限元素的凸组合, 则

$$x\in\operatorname{conv}\left(\sum_{i\in I}C_i\right).$$

下面证明 $C\subseteq N$. 对任意的 $x\in C$, 存在 $y_i\in\sum\limits_{i\in I_k}C_i$, 使得 $x=\lambda_1y_1+\cdots+\lambda_my_m$, 其中, $\lambda_i\geqslant 0$, $\sum\limits_{i\in I_k}\lambda_i=1$. 若有两个向量同属于同一个 C_i, 不妨设 y_1,y_2 同属于某个 C_i, 则

$$\begin{aligned}\lambda_1y_1+\lambda_2y_2&=\left(\frac{\lambda_1}{\lambda_1+\lambda_2}y_1+\frac{\lambda_2}{\lambda_1+\lambda_2}y_2\right)\cdot(\lambda_1+\lambda_2)\\&=y\cdot(\lambda_1+\lambda_2)=\lambda y.\end{aligned}$$

这里 $y\in C_i$ 是 y_1,y_2 的凸组合, $\lambda=\lambda_1+\lambda_2$. 将所有同属于一个凸集的向量都作如上合并, 则最终得到

$$\lambda'_{i_1}y_{i_1}+\cdots+\lambda'_{i_m}y_{i_m}\in\bigcup\left\{\sum_{i\in I_m}\lambda_iC_i\right\}.$$ □

注 3.3 在证明 $C\subseteq N$ 时, 考虑多个向量同属一个凸集的情况, 原因在于: 在证明 $x\in\sum\limits_{i\in I_k}\lambda_iC_i$ 时, C_i 是互不相同的.

定义 3.3 设 A 为从 $\mathbb{R}^n$ 到 $\mathbb{R}^m$ 的任一线性变换, 定义

$$AC = \{Ax \mid x \in C\}, \quad C \subset \mathbb{R}^n,$$

$$A^{-1}D = \{x \mid Ax = D\}, \quad D \in \mathbb{R}^m.$$

AC 称为 C 在 A 下的象, $A^{-1}D$ 为 D 在 A 下的原象.

可以证明凸性在 A 下是可保持的.

若 C 是凸集, 则 AC 是凸集. 原因在于: 对任意的 $x, y \in C$, 有

$$Ax, Ay \in AC, \quad \lambda Ax + (1-\lambda)Ay = A(\lambda x + (1-\lambda)y) \in AC.$$

若 D 凸, 则 $A^{-1}D$ 凸. 原因在于: 由于 D 是凸集, 设 $x, y \in D$, 则 $\lambda x + (1-\lambda)y \in D$. 同时, 存在 $x' \in A^{-1}D$, 使得 $Ax' = x$. 存在 $y' \in A^{-1}D$, 使得 $Ay' = y$. 则

$$\begin{aligned} \lambda x + (1-\lambda)y &= \lambda Ax' + (1-\lambda)Ay' \\ &= A(\lambda x' + (1-\lambda)y') \in D. \end{aligned} \tag{3.1}$$

所以 $\lambda x' + (1-\lambda)y' \in A^{-1}D$.

定理 3.4 设 A 为从 $\mathbb{R}^n$ 到 $\mathbb{R}^m$ 的任一线性变换, 对 $\mathbb{R}^n$ 中任意凸集 C, 则 AC 为 $\mathbb{R}^m$ 中的凸集, 且对 $\mathbb{R}^m$ 中任意凸集 D, 有 $A^{-1}D$ 为 $\mathbb{R}^n$ 中的凸集.

证明 以上的分析即可得到. □

推论 3.1 凸集 C 在一个子空间 L 上的正交投影是凸集.

证明 子空间上的正交投影是一个线性变换, 可记为 A, 则由定理 3.4 知 AL 是凸集. □

例子 3.2 以二维空间为例 (如图 3.3 所示) 向量 b 在 a 上的正交投影为 $p = \mu a$. 而向量 $d = b - p = b - \mu a$. 故有

$a^{\mathrm{T}}d = 0 \Rightarrow a^{\mathrm{T}}(b - \mu a) = 0 \Rightarrow a^{\mathrm{T}}b = \mu a^{\mathrm{T}}a \Rightarrow \mu = \dfrac{a^{\mathrm{T}}b}{a^{\mathrm{T}}a}$, 则 $p = \mu a = a\dfrac{a^{\mathrm{T}}b}{a^{\mathrm{T}}a}$. 设有矩阵 $P = \dfrac{aa^{\mathrm{T}}}{a^{\mathrm{T}}a}$, 则有 $Pb = p$. 这个矩阵 P 被称作投影矩阵.

由 P 形式可知, 投影矩阵满足以下性质:

$$P^{\mathrm{T}} = P, \quad P^2 = P.$$

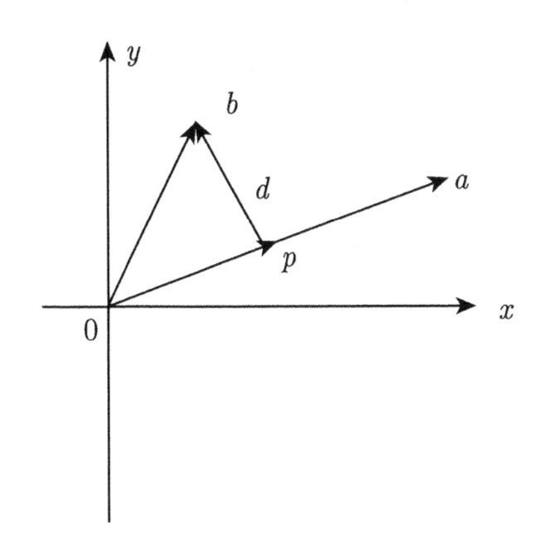

图 3.3 投影

对定理 3.4 中 $A^{-1}D$ 凸性的解释: 当 y 在一个凸集上变化时, 联立的线性方程组 $Ax = y$ 的解 x 的变化范围也是凸集. 若 $D = K + a$, 其中 K 为 $\mathbb{R}^m$ 中非负象限, $a \in \mathbb{R}^m$, 则 $A^{-1}D = \{x \mid Ax \geqslant a\}$ 为某线性不等式组的解集.

定理 3.5 C, D 分别是 $\mathbb{R}^m$ 与 $\mathbb{R}^p$ 中的凸集, 则

$$C \oplus D = \{x = (y, z) \mid y \in C, z \in D\}$$

是 $\mathbb{R}^{m+p}$ 中的凸集.

定理 3.5 中 $C \oplus D$ 称为 C 与 D 的直和. 直和也常用于集合的普通加法上. 若任意 $x \in C+D$ 可被唯一表示为 $x = y+z$, $y \in C$, $z \in D$, $C+D$ 也叫作 C 与 D 的直和. 这种情况发生当且仅当 $C-C$ 与 $D-D$ 只有公

共零向量 ($\mathbb{R}^n$ 可被表示为两个子空间的直和, 其中一个子空间包含 C, 另一个包含 D).

3.4 部分加法

定理 3.6 设 C_1, C_2 是 $\mathbb{R}^{m+p}$ 中的凸集, $C = \{x = (y, z) \mid y \in \mathbb{R}^m,\ z \in \mathbb{R}^p\}$, 满足存在 z_1, z_2, $(y, z_1) \in C_1$, $(y, z_2) \in C_2$, 且 $z = z_1 + z_2$, 则 C 是 $\mathbb{R}^{m+p}$ 中的凸集.

证明 对任意的 $x = (y, z), x' = (y', z') \in C$, 存在 $z_1, z_2, z_1', z_2' \in \mathbb{R}^p$, 使得 $(y, z_1) \in C_1, (y, z_2) \in C_2$, 且有 $z_1 + z_2 = z$, 同时有 $(y', z_1') \in C_1, (y', z_2') \in C_2$, 且有 $z_1' + z_2' = z'$. 对任意的 $\lambda \in (0, 1)$, 有

$$
\begin{aligned}
\lambda x + (1-\lambda)x' &= \lambda(y, z) + (1-\lambda)(y', z') \\
&= (\lambda y + (1-\lambda)y', \lambda z + (1-\lambda)z') \\
&= (\lambda y + (1-\lambda)y', \lambda(z_1 + z_2) + (1-\lambda)(z_1' + z_2')) \\
&= (\lambda y + (1-\lambda)y', (\lambda z_1 + (1-\lambda)z_1') + (\lambda z_2 + (1-\lambda)z_2')).
\end{aligned}
$$

这里

$$
(\lambda y + (1-\lambda)y', \lambda z_1 + (1-\lambda)z_1') = \lambda(y, z_1) + (1-\lambda)(y', z_1') \in C_1,
$$

$$
(\lambda y + (1-\lambda)y', \lambda z_2 + (1-\lambda)z_2') = \lambda(y, z_2) + (1-\lambda)(y', z_2') \in C_2.
$$

由 C 的定义可知, $\lambda x + (1-\lambda)x' \in C$, 所以 C 是凸集. □

例子 3.3 凸集 C_1, C_2 如下定义: $C_1 = \{(x_1, y_1) \mid y_1 \geqslant 0\}$, $C_2 = \{(x_2, y_2) \mid y_2 \leqslant 0\}$, 则如定理 3.6 定义的 C 为 $\mathbb{R}^2$. 如图 3.4 所示.

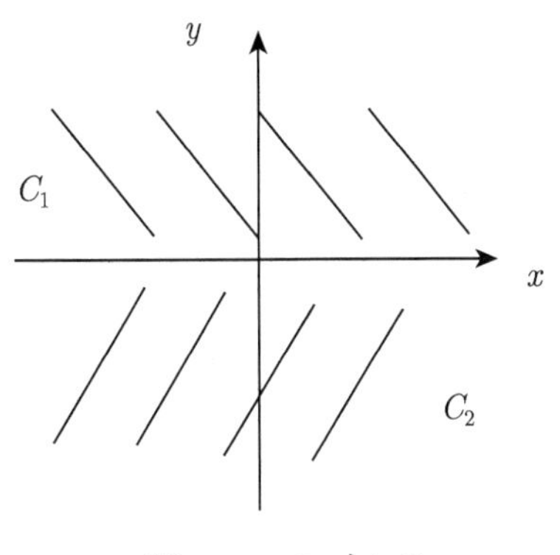

图 3.4 C_1 与 C_2

定理 3.6 描述了 $\mathbb{R}^{m+p}$ 中凸集的某种交换与结合运算. 因此在 $\mathbb{R}^n$ 上引入一个线性坐标系统可以有无穷多种方法. 根据坐标, 每个向量可由 $y\in\mathbb{R}^m$ 和 $z\in\mathbb{R}^p$ 表示. 如 $\{x=(y,z)\mid y\in\mathbb{R},z\in\mathbb{R}^{m+p-1}\}$, m 从 0 变为 n, p 从 n 变为 0. 这种运算称为部分加法. 一般的加法 C_1+C_2 可看作 $m=0$ 时的特殊情况. 此时 $\{x=(0,z)\mid z\in\mathbb{R}^{m+p}\}$, 加法只考虑非零部分 z. 而 $p=0$ 时, C_1+C_2 对应集合的交 $C_1\bigcap C_2$. 介于这两种特殊情况之间, 对 $\mathbb{R}^n$ 中所有凸集族有无穷多部分加法, 每种都是可交换、结合的二元运算.

$\mathbb{R}^n$ 中每个凸集 C, 都有一个 $\mathbb{R}^{n+1}$ 中的凸锥 K 包含原点且有一个截面与 C 一致. 即凸锥 K 由 $\{(1,x)\mid x\in C\}$ 生成. 这种对应是一对一的. 这些 K 与半空间 $\{(\lambda,x)|\lambda\leqslant 0\}$ 仅有公共点 $(0,0)$.

凸锥和凸集的一对一关系, 可以由一个简单的例子说明.

例子 3.4 容易产生混淆的是, C 和 $2C$ 对应的凸锥是否相同. 我们特意展示两个图, 来说明存在倍数关系的凸集对应的凸锥也是不同的. 更直观的理解就是凸锥的"宽窄程度"不同. 如图 3.5 所示. 实际上, 由 C 生成的凸锥为

$$K_1=\{\lambda(1,x)\mid \lambda\geqslant 0,x\in C\},$$

由 $2C$ 生成的凸锥为

$$K_2 = \{\lambda(1, x) \mid \lambda \geqslant 0,\ x \in 2C\} = \{\lambda(1, 2x) \mid \lambda \geqslant 0,\ x \in C\}.$$

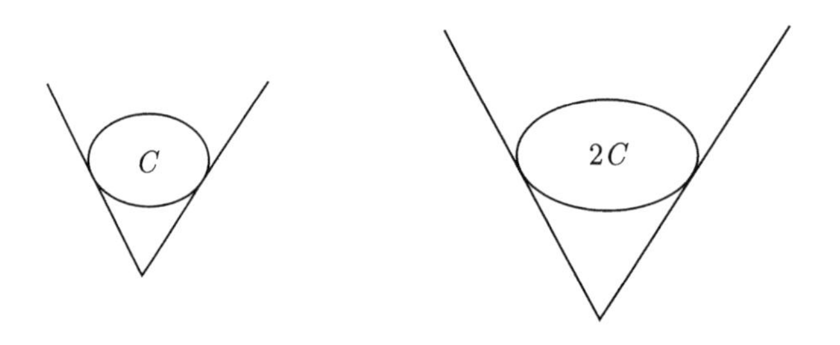

图 3.5　凸集 C, $2C$ 及其对应的凸锥

下面考虑凸集上的四种部分加法的运算. 设 K_1, K_2 分别是由 C_1, C_2 生成的凸锥.

(1) 若只在 K_1, K_2 上对 x 进行部分加法, $(1, x) \in K$ 当且仅当

$$x = x_1 + x_2, \quad (1, x_1) \in K_1,\ (1, x_2) \in K_2.$$

因此

$$K = \{(1, x) \mid x = x_1 + x_2,\ (1, x_1) \in K_1,\ (1, x_2) \in K_2\}.$$

对应 K 的凸集为

$$C = C_1 + C_2.$$

(2) 若对两个变量都进行部分加法, $(1, x) \in K$ 当且仅当 $x = x_1 + x_2,\ 1 = \lambda_1 + \lambda_2,\ (\lambda_1, x_1) \in K_1,\ (\lambda_2, x_2) \in K_2$. 因此

$$K = \{(1, x) \mid x = x_1 + x_2,\ 1 = \lambda_1 + \lambda_2,\ (\lambda_1, x_1) \in K_1,\ (\lambda_2, x_2) \in K_2\}.$$

因此, C 是所有 $\lambda_1 C_1 + \lambda_2 C_2$ 的并, 其中 $\lambda_1, \lambda_2 \geqslant 0, \lambda_1 + \lambda_2 = 1$, 即

$$C = \operatorname{conv}(C_1 \bigcup C_2).$$

(3) 不对任一变量作部分加法, 有

$$K=\{(1,x)\mid(1,x)\in K_1\bigcap K_2\}.$$

此时

$$C=C_1\bigcap C_2.$$

(4) 只对 λ 作部分加法, $(1,x)\in K$, 当且仅当

$$(\lambda_1,x)\in K_1,\ (\lambda_2,x)\in K_2,\quad \lambda_1,\ \lambda_2\geqslant 0,\ \lambda_1+\lambda_2=1.$$

将 (λ_1,x) 写成 $\lambda_1(1,x_1)$, $x=\lambda_1x_1\in\lambda_1C_1$. 因此

$$\begin{aligned}C&=\bigcup\{\lambda_1C_1\bigcap\lambda_2C_2\mid\lambda_1,\ \lambda_2\geqslant 0,\ \lambda_1+\lambda_2=1\}\\&=\bigcup\{(1-\lambda)C_1\bigcap\lambda C_2\mid 0\leqslant\lambda\leqslant 1\}.\end{aligned}$$

这种运算记作 $C_1\#C_2$, 称为逆加法.

例子 3.5 在 $\mathbb{R}^2$ 中, 令 $C_1=\{(x,y)\mid x=1\}$, $C_2=\{(x,y)\mid y=1\}$. 如图 3.6 所示, 则有

$$C=C_1\#C_2=\{(x,y)\mid x+y=1,x\in[0,1],y\in[0,1]\}.$$

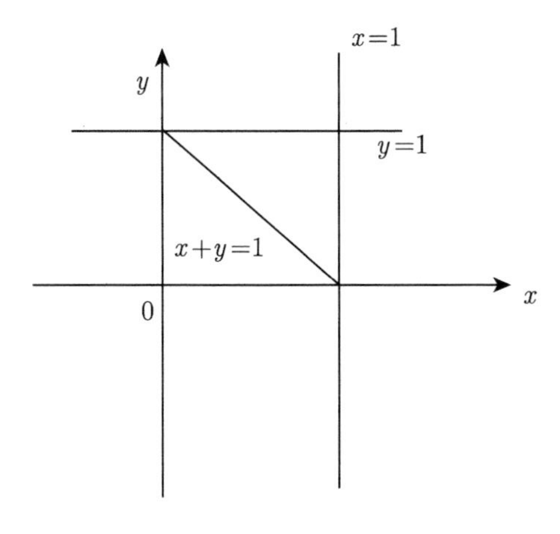

图 3.6 例子 3.5 示意图

定理 3.7 若 C_1, C_2 为 $\mathbb{R}^n$ 中的凸集, 则 $C_1\#C_2$ 也是 $\mathbb{R}^n$ 中的凸集.

$C_1\#C_2$ 由所有 $x = \lambda x_1 = (1-\lambda)x_2$ $(\lambda \in [0,1], x_i \in C_i, i = 1,2)$ 组成, 这样的表示要求 x_1, x_2, x 在同一条射线 $\{\alpha e \mid \alpha \geqslant 0\}(e \neq 0)$ 上. 事实上, 对某个 $\alpha_1 \geqslant 0$, $\alpha_2 \geqslant 0$, 有 $x_1 = \alpha_1 e, x_2 = \alpha_2 e$, 可以得到

$$\lambda = \frac{\alpha_1}{\alpha_1 + \alpha_2} e, \quad x = (\alpha_1^{-1} + \alpha_2^{-1})^{-1} e.$$

若 $\alpha_1 = 0$ 或 $\alpha_2 = 0$, 令 $(\alpha_1^{-1} + \alpha_2^{-1})^{-1} = 0$. 这里 x 只依赖 x_1, x_2, 不依赖 e. $x = x_1\#x_2$ 为 x_1, x_2 的逆和, 向量的逆加法只对在同一条射线上的向量是可交换的、可结合的. 故

$$C_1\#C_2 = \{x_1\#x_2 \mid x_1 \in C_1, x_2 \in C_2\}.$$

3.5 凸锥的情形

除了变换运算外, 所有已讨论过的运算在 $\mathbb{R}^n$ 的凸锥为元素所构成的集合上都是保持的. 因此, 当 K_1, K_2, K 都是凸锥时, $K_1 + K_2$, $K_1\#K_2$, $\mathrm{conv}(K_1 \bigcup K_2), K_1 \bigcap K_2$, $K_1 \oplus K_2$, AK, $A^{-1}K$, λK 都是凸锥. 对于锥, 正数乘是平凡运算: 对任意的 $\lambda > 0$, 有 $\lambda K = K$. 加法与逆加法退化为格运算 (在其中所有子集都有上确界和下确界的偏序集), 此时两个凸锥的上确界为二者做加法运算, 下确界为二者做逆加法运算.

定理 3.8 若 K_1, K_2 为包含原点的凸锥, 则

$$K_1 + K_2 = \mathrm{conv}(K_1 \bigcup K_2), \quad K_1\#K_2 = K_1 \bigcap K_2.$$

证明 由定理 3.3, 有

$$\begin{aligned}\operatorname{conv}(K_1\bigcup K_2)&=\bigcup\{\lambda K_1+(1-\lambda)K_2 \mid \lambda\in[0,1]\}\\&=\begin{cases}K_1+K_2, & 0<\lambda<1,\\ K_1, & \lambda=1,\\ K_2, & \lambda=0.\end{cases}\end{aligned}$$

因 $0\in K_1$, $0\in K_2$, K_1+K_2 包含 K_1 及 K_2, 所以

$$\operatorname{conv}(K_1\bigcup K_2)=K_1+K_2.$$

同理

$$K_1\#K_2=\bigcup\{\lambda K_1\bigcap(1-\lambda)K_2 \mid 0\leqslant\lambda\leqslant 1\}=\begin{cases}K_1\bigcap K_2, & 0<\lambda<1,\\ \{0\}, & \lambda=1,\\ \{0\}, & \lambda=0.\end{cases}$$

且当 $\lambda=0$ 或 1 时, $\{0\}\subset K_1\bigcap K_2$. 所以 $K_1\#K_2=K_1\bigcap K_2$. □

练 习 题

练习 3.1 令 $C=\{(x,y)\in\mathbb{R}^2 \mid x^2+y^2\leqslant 1\}$. 计算由 C 生成的凸锥 K_1 及由 $(1,C)$ 生成的凸锥.

练习 3.2 令 $C=\{(x,y)\in\mathbb{R}^2 \mid (x-1)^2+y^2\leqslant \frac{1}{4}\}$. 计算由 C 生成的凸锥 K_1 及由 $(1,C)$ 生成的凸锥.

练习 3.3 令 $C=[1,2]\subset\mathbb{R}$. 计算由 C 生成的凸锥 K_1 及由 $(1,C)$ 生成的凸锥.

练习 3.4 令 $C=\{(x,y) \mid y=1, x\in[1,2]\subset\mathbb{R}$. 计算由 C 生成的凸锥 K_1 及由 $(1,C)$ 生成的凸锥.

第4章 凸 函 数

4.1 上 图

定义 4.1 (1) 设 f 为一个函数, 函数值为 $\mathbb{R}$ 或 ∞, 定义域为 $\mathbb{R}^n$ 的子集 S. 集合

$$\{(x,\mu) \mid x \in S, \mu \in \mathbb{R}, \mu \geqslant f(x)\}$$

称为 f 的上图, 记作 $\mathrm{epi}f$.

(2) 若 $\mathrm{epi}f$ 作为 $\mathbb{R}^{n+1}$ 的子集是凸集, 则 f 是 S 上的凸函数.

(3) 负的凸函数是凹函数.

(4) 若 f 有限 (取不到 $\pm\infty$), 既凸又凹, 则 f 为仿射函数. 常数项为 0 的仿射函数称为线性函数.

(5) 定义域为 S 的凸函数 f 的有效域记作 $\mathrm{dom}f$, 是 $\mathrm{epi}f$ 在 $\mathbb{R}^n$ 上的投影.

$$\mathrm{dom}f = \{x \mid \exists\mu,\ (x,\mu) \in \mathrm{epi}f\} = \{x \mid f(x) < +\infty\}$$

是 $\mathbb{R}^n$ 中的凸集 (由定理 3.4, 凸集在子空间上的投影是凸集).

(6) $\mathrm{dom}f$ 的维数定义为 f 的维数.

例子 4.1 下面给出两个函数上图的例子. 函数 $f_1(x) = |x|$ 的上图为

$$\mathrm{epi}f_1 = \{(x,\mu) \mid \mu \in R, u \geqslant |x|)\}.$$

函数

$$f_2(x)=\operatorname{sgn}(x)=\begin{cases}1, & x>0,\\ 0, & x=0,\\ -1, & x<0.\end{cases}$$

的上图为

$$\operatorname{epi}f_2=\{(x,\mu)\mid u\geqslant -1, x<0\}\bigcup\{(x,\mu)\mid u\geqslant 1, x>0\}\bigcup\{(0,\mu)\mid u\geqslant 0\}.$$

如图 4.1 所示.

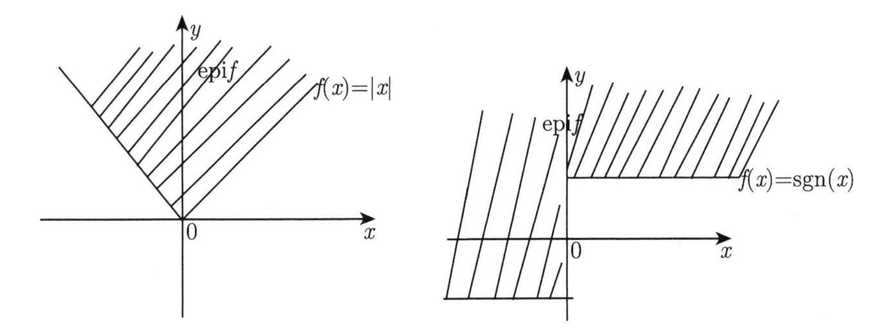

图 4.1　$f_1(x)$(左) 和 $f_2(x)$(右) 的上图

凸函数与上图的关系:

$$f(x)=\inf\{\mu\mid(x,\mu)\in\operatorname{epi}f, x\in\mathbb{R}^n\}.$$

例子 4.2　已知函数 $f_1(x)$ 的上图为

$$\operatorname{epi}f_1=\{(x,\mu)\mid u\geqslant x^2, x\in\mathbb{R}\}.$$

如图 4.2 所示, 则函数 $f_1(x)=x^2$.

函数 $f_2(x)$ 的上图为

$$\operatorname{epi}f_2=\{(x,\mu)\mid u\geqslant \tanh x,\ x\in\mathbb{R}\},$$

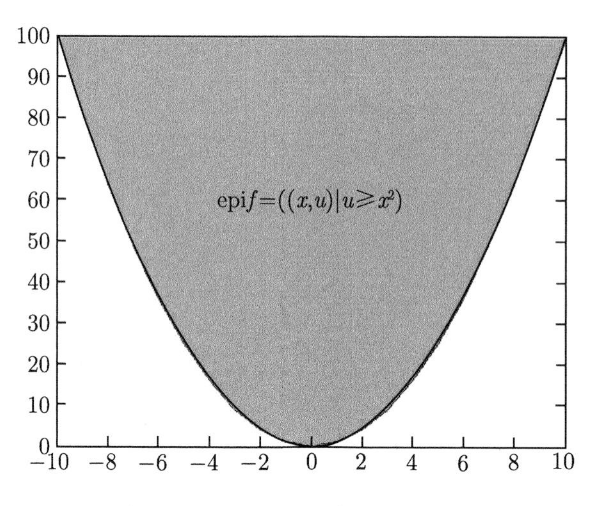

图 4.2　例子 4.2 中 f_1 示意图

其中, $\tanh x$ 为双曲正切函数, 即

$$\tanh x = \frac{e^x + e^{-x}}{e^x - e^{-x}}.$$

如下图所示, 则函数 $f_2(x) = \tanh x$.

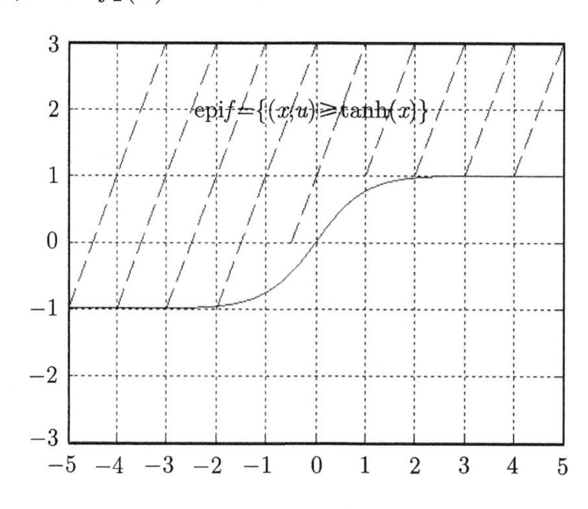

图 4.3　例子 4.2 中 f_2 示意图

dom$f$ 是凸集 epi$f$ 在线性变换 A 下的像.

分析: 设 A : $[X, \mu]^{\mathrm{T}} \rightarrow X$, 则 $A = [I, 0] \in \mathbb{R}^{n\times(n+1)}$, 其中 I 是单

位阵.

注 4.1　(1) f 的凸性等价于 epi$f$ 的凸性;

(2) f 的凸性等价于 f 在其有效域 dom$f$ 上的凸性;

(3) S 上的一个凸函数总可以通过如下方式延拓为 $\mathbb{R}^n$ 上的凸函数:

$$F(x)=\begin{cases} f(x), & x\in S, \\ +\infty, & x\notin S. \end{cases}$$

从另一个角度理解 F. 考虑约束最优化问题

$$\begin{cases} \min & f(x) \\ \text{s.t.} & x\in S. \end{cases}$$

通过定义如上的 F, 可将原问题等价转化为如下无约束问题:

$$\min \quad F(x).$$

即, F 可理解为罚函数.

由此, 凸函数均可认为是定义在 $\mathbb{R}^n$ 上的值可能取到无穷的凸函数. 但此方法会产生 $\pm\infty$ 的数值计算. 采用如下规则:

$$\alpha+\infty=\infty+\alpha=\infty, \quad -\infty<\alpha\leqslant\infty,$$

$$\alpha-\infty=-\infty+\alpha=-\infty, \quad -\infty\leqslant\alpha<\infty,$$

$$\alpha\infty=\infty\alpha=\begin{cases} \infty, & 0<\alpha\leqslant\infty, \\ -\infty, & -\infty\leqslant\alpha<0, \end{cases}$$

$$\alpha(-\infty)=(-\infty)\alpha=\begin{cases} -\infty, & 0<\alpha\leqslant\infty, \\ \infty, & -\infty\leqslant\alpha<0, \end{cases}$$

$$0\infty=\infty 0=0=0(-\infty)=(-\infty)0,$$

$$\inf\varnothing=+\infty,\quad \sup\varnothing=-\infty.$$

在如上规则下, 假设 $\alpha+\beta$ 不出现 $\infty-\infty$ 和 $-\infty+\infty$ 的情形, 则

$$\alpha_1+\alpha_2=\alpha_2+\alpha_1,\quad (\alpha_1+\alpha_2)+\alpha_3=\alpha_1+(\alpha_2+\alpha_3),$$

$$\alpha_1\alpha_2=\alpha_2\alpha_1,\quad (\alpha_1\alpha_2)\alpha_3=\alpha_1(\alpha_2\alpha_3),\quad \alpha_1(\alpha_2+\alpha_3)=\alpha_1\alpha_2+\alpha_1\alpha_3.$$

除 $\infty-\infty$(及 $-\infty+\infty$) 外, 其他含 ∞ 的上述运算都成立.

例子 4.3 设 C 为凸集, 考虑函数

$$f(x)=\begin{cases}0, & x\in C,\\ +\infty, & x\notin C.\end{cases}$$

则 $f(x)$ 的上图为

$$\text{epi}f=\{(x,\mu)|x\in C,\ \mu\geqslant 0\}.$$

若 C 为 $\mathbb{R}$ 中的线段, 则 $f(x)$ 的上图如图 4.4 所示.

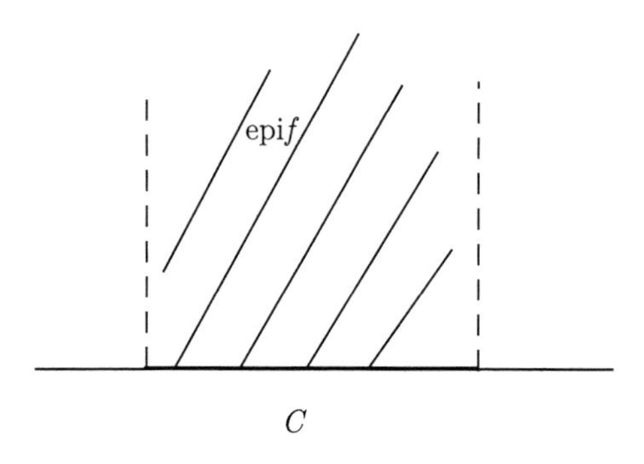

图 4.4 例子 4.3 示意图

例子 4.4 考虑函数

$$f(x)=\begin{cases}-\infty, & x=0,\\ 0, & x\neq 0.\end{cases}$$

则 $f(x)$ 的上图为

$$\text{epi}f = \{(x,\mu)|x \neq 0, \mu \geqslant 0\}\bigcup\{(0,u) \mid u \in \mathbb{R}\}.$$

如图 4.5 所示.

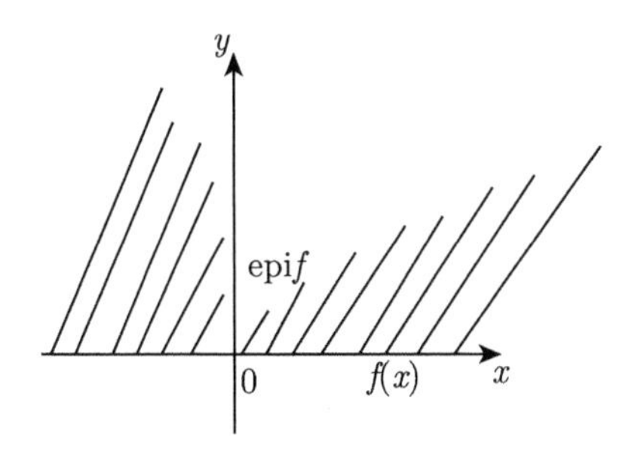

图 4.5 例子 4.4 示意图

例子 4.5 考虑计数函数

$$I_C(x) = \begin{cases} 1, & x \in C, \\ 0, & \text{否则}. \end{cases}$$

则 $f(x)$ 的上图为

$$\text{epi}f = \{(x,\mu) \mid x \in C, \mu \geqslant 1\}\bigcup\{(x,\mu)|x \notin C, \mu \geqslant 0\}.$$

4.2 正常函数

定义 4.2 设 f 是一个凸函数, 若 epi$f$ 非空且不包含垂线, 则称 f 是正常的. 换句话说, 若 $f(x) < +\infty$ 对至少一个 x 成立, 且对任意的 x, 有 $f(x) > -\infty$, 则称 f 是正常的 (proper). 不满足正常函数条件的函数是非正常函数.

例如, 若 $x=1$ 包含在 epi$f$ 内, 则由凸函数与上图的关系知, $f(1) = -\infty$, 见图 4.6. 因此有如下关于正常凸函数的等价定义.

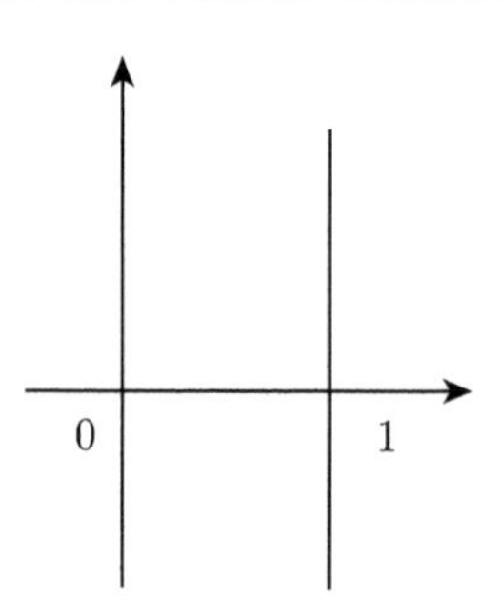

图 4.6　epi$f$ 中含有 $x=1$

定义 4.3　f 是正常凸函数当且仅当凸集 $C=\text{dom}f$ 非空且 f 在 C 上是有限的.

即, $\mathbb{R}^n$ 上的正常凸函数是由非空凸集 C 上的有限凸函数拓展成 $\mathbb{R}^n$ 上的凸函数得到. 下面给出一个非正常函数的例子.

例子 4.6

$$f(x)=\begin{cases}-\infty, & |x|<1,\\ 0, & |x|=1,\\ +\infty, & |x|>1.\end{cases}$$

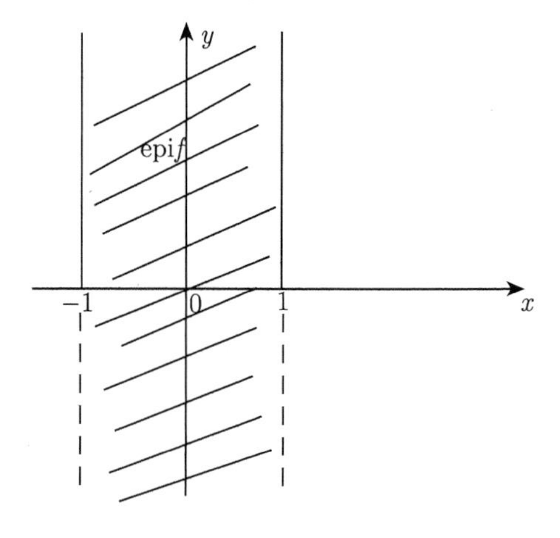

图 4.7　epi$f$ 中含有 $x=1$ 的上半部分

是非正常函数. 则 $f(x)$ 的上图为

$$\mathrm{epi}f=\{(x,\mu)\mid |x|<1,\mu\in\mathbb{R}\}\bigcup\{(x,\mu)|\ |x|=1,\mu\geqslant 0\}.$$

4.3 凸函数的等价判定

凸函数有很重要的插值性质. 由定义, f 是 S 上的凸函数等价于对任意的 $(x,\mu),(y,v)\in\mathrm{epi}f$ 及 $0\leqslant\lambda\leqslant 1$, 有

$$(1-\lambda)(x,\mu)+\lambda(y,v)=((1-\lambda)x+\lambda y,(1-\lambda)\mu+\lambda v)\in\mathrm{epi}f.$$

换句话说, 对任意的 $x,y\in S$, 且满足 $f(x)\leqslant\mu\in\mathbb{R}, f(y)\leqslant v\in\mathbb{R}$ 及 $0\leqslant\lambda\leqslant 1$, 有

$$f((1-\lambda)x+\lambda y)\leqslant(1-\lambda)\mu+\lambda v.$$

下面给出几个凸函数的充要条件.

定理 4.1 设 f 是凸集 C 到 $(-\infty,+\infty]$ 的函数, 则 f 在 C 上是凸的当且仅当

$$f((1-\lambda)x+\lambda y)\leqslant(1-\lambda)f(x)+\lambda f(y),\quad 0<\lambda<1.$$

证明 (必要性) f 是凸函数等价于 $\mathrm{epi}f$ 是凸集. 故对任意的 $x,y\in C,\ 0<\lambda<1,\ (x,f(x)),\ (y,f(y))\in\mathrm{epi}f$, 有

$$(1-\lambda)(x,f(x))+\lambda(y,f(y))\in\mathrm{epi}f.$$

即

$$f((1-\lambda)x+\lambda y)\leqslant(1-\lambda)f(x)+\lambda f(y).$$

(充分性) 对任意的 $(x_1,y_1),(x_2,y_2)\in\mathrm{epi}f,\ 0<\lambda<1$, 有

$$f((1-\lambda)x_1+\lambda x_2)\leqslant(1-\lambda)f(x_1)+\lambda f(x_2)\leqslant(1-\lambda)y_1+\lambda y_2,$$

则有 $(1-\lambda)(x_1,y_1)+\lambda(x_2,y_2)\in \mathrm{epi}f$. 所以 $\mathrm{epi}f$ 是凸集, f 为 C 上的凸函数. □

定理 4.2　设 f 是从 $\mathbb{R}^n$ 到 $[-\infty,+\infty]$ 的函数, 则 f 是凸函数当且仅当

$$f((1-\lambda)x+\lambda y)\leqslant(1-\lambda)\alpha+\lambda\beta,$$

其中, $0<\lambda<1$, $f(x)<\alpha$, $f(y)<\beta$.

证明　(必要性)　由定理 4.1, 取 $\alpha=f(x)+1,\beta=f(y)+1$ 即可.

(充分性)　设 $(x,\alpha),(y,\beta)\in \mathrm{epi}f$. 由

$$f((1-\lambda)x+\lambda y)\leqslant(1-\lambda)\alpha+\lambda\beta$$

知, $(1-\lambda)(x,\alpha)+\lambda(y,\beta)\in \mathrm{epi}f$. 因此 $\mathrm{epi}f$ 是凸集, 即 f 是凸函数. □

定理 4.3 (Jessen 不等式)　设 f 是从 $\mathbb{R}^n$ 到 $(-\infty,+\infty]$ 的函数, 则 f 是凸函数当且仅当

$$f(\lambda_1x_1+\cdots+\lambda_mx_m)\leqslant\lambda_1f(x_1)+\cdots+\lambda_mf(x_m),$$

其中 $\lambda_1\geqslant0,\cdots,\lambda_m\geqslant0$, $\lambda_1+\cdots+\lambda_m=1$.

证明　(必要性)　f 凸 $\Leftrightarrow$ $\mathrm{epi}f$ 凸, 对任意的 $(x_i,f(x_i))\in \mathrm{epi}f$, $i=1,2,\cdots,m$, 由定理 2.2 知, 其凸组合也在 $\mathrm{epi}f$ 中, 即 $\sum\limits_{i=1}^{m}\lambda_i(x_i,f(x_i))\in \mathrm{epi}f$. 即

$$f\left(\sum_{i=1}^{m}\lambda_ix_i\right)\leqslant\sum_{i=1}^{m}\lambda_if(x_i).$$

(充分性)　要证 f 凸, 只需证 $\mathrm{epi}f$ 凸. 对任意的 $(x_1,y_1),(x_2,y_2),\cdots,(x_m,y_m)\in \mathrm{epi}f$. 由条件可知

$$f(\lambda_1x_1+\cdots+\lambda_mx_m)\leqslant\lambda_1f(x_1)+\cdots+\lambda_mf(x_m),$$

则有

$$\begin{aligned} f(\lambda_1x_1+\cdots+\lambda_mx_m) &\leqslant \lambda_1f(x_1)+\cdots+\lambda_mf(x_m) \\ &\leqslant \lambda_1y_1+\cdots+\lambda_my_m, \end{aligned}$$

所以

$$\sum_{i=1}^{m}\lambda_i(x_i,f(x_i))\in \mathrm{epi}f,$$

其中 $\lambda_1\geqslant 0,\cdots,\lambda_m\geqslant 0$, $\lambda_1+\cdots+\lambda_m=1$. 即其凸组合也在 $\mathrm{epi}f$ 中, 由定理 2.2 知 $\mathrm{epi}f$ 凸. 故 f 为凸函数. □

注 4.2 (1) 对于凹函数, 将上述定理结论改为

$$f\left(\sum_{i=1}^{m}\lambda_ix_i\right)\geqslant\sum_{i=1}^{m}\lambda_if(x_i).$$

(2) 若 f 是仿射函数, 则将结论取 "=".

(3) 比较凸函数的定义及定理 4.1, 定理 4.2 中关于凸函数的等价定义, 可发现凸函数的定义更一般. 定理 4.2 中允许函数值取到 $-\infty$, 这是因为 $\alpha>f(x)$, $\beta>f(x)$, 因此 $\alpha>-\infty$, $\beta>-\infty$. 这样就避免出现 $+\infty+(-\infty)$ 的情形. 相比较而言, 定理 4.1 则限制了 f 不能取到负无穷, 主要就是为了避免出现 $+\infty+(-\infty)$ 的情形.

4.4 凸函数举例

一些经典的实凸函数可以由下面定理得到.

定理 4.4 设 f 是开区间 (α,β) 上一个二阶连续可微实函数, 则 f 是凸函数当且仅当 f 的二阶导数 $f''(x)$ 在 (α,β) 上非负.

证明 (充分性) 设 $f''(x)$ 在 $x\in(\alpha,\beta)$ 上非负, 则 f' 在 (α,β) 上是非减的. 对任意的 x, $y\in(\alpha,\beta)$, $0<\lambda<1$, $\alpha<x<y<\beta$, 记

$z=(1-\lambda)x+\lambda y$. 则 $x<z<y$, 且

$$f(z)-f(x)=\int_x^z f'(t)\mathrm{d}t\leqslant f'(z)(z-x),$$

$$f(y)-f(z)=\int_z^y f'(t)\mathrm{d}t\geqslant f'(z)(y-z),$$

又由 $z-x=\lambda(y-x)$ 及 $y-z=(1-\lambda)(y-x)$ 可得

$$f(z)\leqslant f(x)+\lambda f'(z)(y-x),$$

$$f(z)\leqslant f(y)-(1-\lambda)f'(z)(y-x).$$

两不等式分别乘 $1-\lambda$ 和 λ, 再相加, 可得

$$(1-\lambda)f(z)+\lambda f(z)=f(z)\leqslant(1-\lambda)f(x)+\lambda f(y).$$

由定理 4.1 知, f 在 (α,β) 上是凸函数.

(必要性)　反设若存在 $(\alpha',\beta')\subset(\alpha,\beta)$, 使得 $f''(x)$ 在 (α',β') 上小于零. 即 $f'(x)$ 在 (α',β') 上严格递减. 类似上面的讨论, 有

$$f(z)-f(x)>f'(z)(z-x)=\lambda f'(z)(y-x),$$

故有

$$f(z)>(1-\lambda)f(x)+\lambda f(y).$$

这与 f 的凸性矛盾. 故 $f''(x)$ 在 (α,β) 上非负成立. □

下面几个实函数的凸性可由定理 4.4 得到.

(1) $f(x)=e^{\alpha x},\ -\infty<\alpha<\infty$;

(2) $f(x)=\begin{cases}x^p, & x\geqslant 0,\\ \infty, & x<0,\end{cases}\quad 1\leqslant p<\infty$;

(3) $f(x)=\begin{cases}-x^p, & x\geqslant 0,\\ \infty, & x<0,\end{cases}\quad 0\leqslant p\leqslant 1;$

(4) $f(x)=\begin{cases}x^p, & x>0,\\ \infty, & x\leqslant 0,\end{cases}\quad -\infty<p\leqslant 0;$

(5) $f(x)=\begin{cases}(\alpha^2-x^2)^{-1/2}, & |x|<\alpha,\\ \infty, & |x|\geqslant\alpha,\end{cases}\quad \alpha>0;$

(6) $f(x)=\begin{cases}-\log x, & x>0,\\ \infty, & x\leqslant 0.\end{cases}$

在多维情况下, 由定理 4.1, 每个形如 $f(x)=\langle x,a\rangle+\alpha(a\in\mathbb{R}^n,\alpha\in\mathbb{R})$ 的函数, 在 $\mathbb{R}^n$ 上均是凸函数. 事实上这样的函数是仿射函数, 每个仿射函数都可以这样表示 (定理 1.5). 记二次函数

$$f(x)=\frac{1}{2}\langle x,Qx\rangle+\langle x,a\rangle+\alpha.$$

其中, Q 是 $n\times n$ 对称矩阵. $f(x)$ 在 $\mathbb{R}^n$ 上是凸函数当且仅当 Q 半正定. 即对任意的 $z\in\mathbb{R}^n$, $\langle z,Qz\rangle\geqslant 0$. 这可由定理 4.4 的多维情况得到.

定理 4.5 *f 在 $\mathbb{R}^n$ 的开凸集 C 上二阶连续可微, 则 f 在 C 上是凸函数当且仅当其 Hessian 阵*

$$Q_x=(q_{ij}(x)),\quad q_{ij}(x)=\frac{\partial^2 f}{\partial\xi_i\partial\xi_j}(\xi_1,\cdots,\xi_n),$$

在每个 $x\in C$ 上半正定.

证明 f 在 C 上的凸性等价于在 C 内每条线段上的凸性. 这又等价于对每个 $y\in C,z\in\mathbb{R}^n$, 函数 $g(\lambda)=f(y+\lambda z)$ 在实的开区间 $\{\lambda\mid y+\lambda z\in C\}$ 上的凸性 (稍后证明). 现来计算 $g''(\lambda)$. $g''(\lambda)=\langle z,Q_xz\rangle$. 所以由定理 4.4 知, g 是凸函数当且仅当 $g''(\lambda)=\langle z,Q_xz\rangle\geqslant 0$.

下面我们来证明: f 在 C 上凸 $\Leftrightarrow g(\lambda)=f(y+\lambda z)$ 在 $\{\lambda \mid y+\lambda z \in C\}$ 上凸.

(必要性)　因为 $g(\lambda)$ 凸, 对任意的 $\lambda_1,\ \lambda_2 \in \{\lambda \mid y+\lambda z \in C\}$, 有

$$g((1-\lambda)\lambda_1+\lambda\lambda_2) \leqslant (1-\lambda)g(\lambda_1)+\lambda g(\lambda_2).$$

又因为

$$\begin{aligned} g((1-\lambda)\lambda_1+\lambda\lambda_2) &= f(y+((1-\lambda)\lambda_1+\lambda\lambda_2)z) \\ &= f((1-\lambda)(y+\lambda_1 z)+\lambda(y+\lambda_2 z)) \end{aligned}$$

和

$$g(\lambda_1)=f(y+\lambda_1 z), \quad g(\lambda_2)=f(y+\lambda_2 z),$$

所以对任意的 $x_1=y+\lambda_1 z,\ x_2=y+\lambda_2 z \in C$, 有

$$f((1-\lambda)x_1+\lambda x_2)) \leqslant (1-\lambda)f(x_1)+\lambda f(x_2).$$

故 f 在 C 上凸.

(充分性)　因为 f 在 C 上凸, 对任意的 $x_1=y+\lambda_1 z,\ x_2=y+\lambda_2 z \in C$, 有

$$f((1-\lambda)(y+\lambda_1 z)+\lambda(y+\lambda_2 z)) \leqslant (1-\lambda)f(y+\lambda_1 z)+\lambda f(y+\lambda_2 z).$$

又因为

$$\begin{aligned} f((1-\lambda)(y+\lambda_1 z)+\lambda(y+\lambda_2 z)) &= f(y+((1-\lambda)\lambda_1+\lambda\lambda_2)z) \\ &= g((1-\lambda)\lambda_1+\lambda\lambda_2) \end{aligned}$$

和

$$f(y+\lambda_1 z)=g(\lambda_1), \quad f(y+\lambda_2 z)=g(\lambda_1),$$

所以对任意的 $\lambda_1,\ \lambda_2 \in \{\lambda \mid y+\lambda z \in C\}$, 有

$$g((1-\lambda)\lambda_1+\lambda\lambda_2)\leqslant(1-\lambda)g(\lambda_1)+\lambda g(\lambda_2).$$

即 $g(\lambda)$ 在 $\{\lambda \mid y+\lambda z\in C\}$ 上是凸函数. □

例子 4.7 设

$$f(x)=f(\xi_1,\cdots,\xi_n)=\begin{cases}-(\xi_1\cdots\xi_n)^{\frac{1}{n}}, & \xi_i\geqslant 0,\ i=1,\cdots,n,\\ +\infty, & \text{否则}.\end{cases}$$

计算可知

$$\langle z,Q_xz\rangle=\frac{1}{n^2}f(x)\left(\left(\sum_{i=1}^n\frac{\zeta_i}{\xi_i}\right)^2-n\sum_{i=1}^n\left(\frac{\zeta_i}{\xi_i}\right)^2\right),$$

其中 $z=(\zeta_1,\cdots,\zeta_n)$, $x=(\xi_1,\cdots,\xi_n)$, $\xi_i>0$, $i=1,\cdots,n$. 过程如下.

注意到

$$\frac{\partial f(x)}{\partial\xi_i}=\frac{f(x)}{n\xi_i},\quad \frac{\partial^2f(x)}{\partial\xi_i\partial\xi_j}=\frac{f(x)}{n^2\xi_i\xi_j},\quad i\neq j,$$
$$\frac{\partial^2 f}{\partial\xi_i^2}=\frac{f(x)}{n^2}\left(\frac{1}{\xi_i^2}-\frac{n}{\xi_i^2}\right),\quad i=j.$$

即

$$\nabla^2f(x)=\begin{bmatrix}\dfrac{1-n}{\xi_1^2} & \dfrac{1}{\xi_1\xi_2} & \cdots & \dfrac{1}{\xi_1\xi_n}\\ \dfrac{1}{\xi_1\xi_2} & \dfrac{1-n}{\xi_2^2} & \cdots & \dfrac{1}{\xi_2\xi_n}\\ \vdots & \vdots & \vdots & \vdots\\ \dfrac{1}{\xi_1\xi_n} & \dfrac{1}{\xi_n\xi_2} & \cdots & \dfrac{1}{\xi_n^2}\end{bmatrix}\cdot\frac{f(x)}{n^2}.$$

计算 $\langle z,Q_xz\rangle$ 的表达式可由如下方法得出.

令 $x^{\mathrm{T}}=\left(\frac{1}{\xi_1},\cdots,\frac{1}{\xi_n}\right)$, 则

$$\nabla^2f(x)=\left[xx^{\mathrm{T}}-n\mathrm{Diag}\left(\frac{1}{\xi_1},\cdots,\frac{1}{\xi_n}\right)\right]\frac{f(x)}{n^2},$$

$$\langle z, Q_x z\rangle = z^{\mathrm{T}} Q_x z = z^{\mathrm{T}} \left[\left(xx^{\mathrm{T}} - n\mathrm{Diag}\left(\frac{1}{\xi_1}, \cdots, \frac{1}{\xi_n}\right)\right) \frac{f(x)}{n^2}\right] z$$
$$= \frac{1}{n^2} f(x) \left(\left(\sum_{i=1}^{n} \frac{\zeta_i}{\xi_i}\right)^2 - n \sum_{i=1}^{n} \left(\frac{\zeta_i}{\xi_i}\right)^2 \right).$$

令 $b_i = \dfrac{\zeta_i}{\xi_i}$, $b = (b_1, \cdots, b_n)^{\mathrm{T}}$, 则

$$\left(\sum_{i=1}^{n} \frac{\zeta_i}{\xi_i}\right)^2 - n \sum_{i=1}^{n} \left(\frac{\zeta_i}{\xi_i}\right)^2 = \left(\sum_{i=1}^{n} b_i\right)^2 - n \sum_{i=1}^{n} b_i^2.$$

因为

$$\left(\sum_{i=1}^{n} b_i\right)^2 = (e^{\mathrm{T}} b)^2 \leqslant \|e\|^2 \|b\|^2 = n\|b\|^2 = n \sum_{i=1}^{n} b_i^2,$$

以及 $f(x) \leqslant 0$, 所以 $\langle z, Q_x z\rangle \geqslant 0$. 由定理 4.5 知, $f(x)$ 是凸函数.

$\mathbb{R}^n$ 上最重要的凸函数之一是欧氏范数, 定义为

$$|x| = \langle x, y\rangle^{1/2} = (\xi_1^2 + \cdots + \xi_n^2)^{1/2}.$$

当 $n = 1$ 时, 为绝对值函数. 欧氏范数的凸性遵从如下法则:

$$|x + y| \leqslant |x| + |y|, \quad |\lambda x| = \lambda |x|, \quad \forall\ \lambda \geqslant 0.$$

定义 4.4 集合 C 上的指示函数 $\delta(\cdot \mid C)$ 定义如下:

$$\delta(x \mid C) = \begin{cases} 0, & x \in C, \\ +\infty, & x \notin C. \end{cases}$$

如图 4.8 所示, C 是 xoy 平面上的一个凸集, 易知, $\mathrm{epi}\delta$ 是以 C 为底面的向上无线延展的部分.

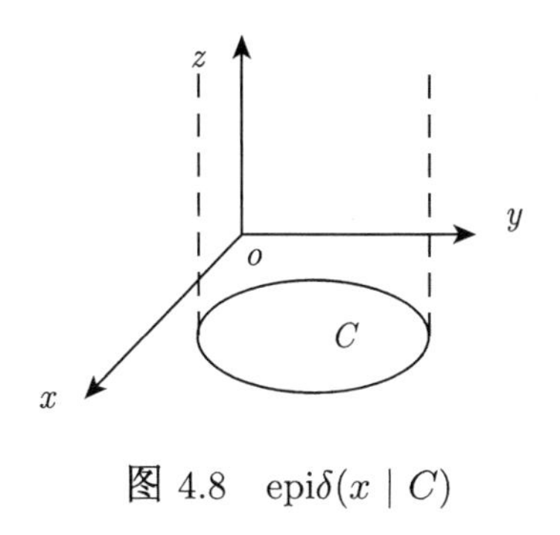

图 4.8　epi$\delta(x \mid C)$

注 4.3　C 是凸集当且仅当 $\delta(\cdot \mid C)$ 是 $\mathbb{R}^n$ 上的凸函数.

注意到, $\delta(\cdot \mid C)$ 的凸性等价于其在有效定义域 C 上的凸性, 等价于其上图的凸性. 而

$$\operatorname{epi}(\delta(\cdot \mid C)) = \{(x, u) \mid u \geqslant 0,\ x \in C\}.$$

显然, $\operatorname{epi}(\delta(\cdot \mid C))$ 的凸性等价于 C 的凸性. 故 C 是凸集当且仅当 $\delta(\cdot \mid C)$ 是 $\mathbb{R}^n$ 上的凸函数.

定义 4.5　$\mathbb{R}^n$ 中凸集 C 上的支撑函数 $\delta^*(\cdot \mid C)$ 定义为

$$\delta^*(x \mid C) = \sup\{\langle x, y\rangle \mid y \in C\} = \sup_{y \in C} y^{\mathrm{T}} x.$$

给定 x 时, 对任意的 $y \in C$, $\langle x, y\rangle \leqslant \delta^*(x \mid C) \triangleq \alpha$. $\langle x, y\rangle \leqslant \alpha$ 是闭半空间, x 是超平面 $\langle x, y\rangle = \alpha$ 的法向量, $\langle x, y\rangle = \|x\| \cdot \|y\| \cos\theta$ 达到最大, 即 y 在 x 上投影达到最大. 记此时的 y 为 y^*. 如图 4.9 所示, C 是一个凸集, 图中最右面的超平面即为 $\delta^*(x|C)$. 换句话说, 对于凸集 C, 任意给定一个点 x, 均可以用一个过该点的超平面把 C 撑起来, 即超平面与 C 相切.

定义 4.6　gauge(度规) 函数定义为 $\gamma(x \mid C) = \inf\{\lambda \geqslant 0 \mid x \in \lambda C\}$, $C \neq \varnothing$.

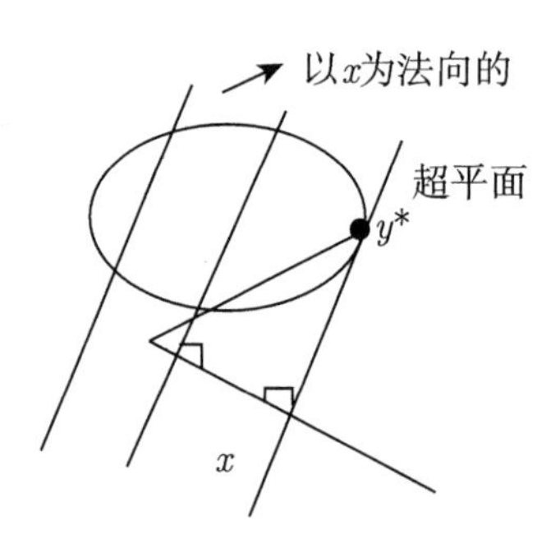

图 4.9　支撑函数的理解

由定义知, $\gamma(x \mid C)$ 可进一步写为

$$\gamma(x \mid C) = \inf\{\ \lambda \geqslant 0 \mid x \in \lambda C\} = \begin{cases} [0,+\infty), & x \in \operatorname{cone} C, \\ +\infty, & \text{其他}. \end{cases}$$

例子 4.8　若二维平面中, $C = \{(x,y) \mid 1 \leqslant x \leqslant 2, y = 2\}$. 如图 4.10 所示, 则 $\gamma(x_1 \mid C) = +\infty$, $\gamma(x_2 \mid C) = \dfrac{1}{2}$.

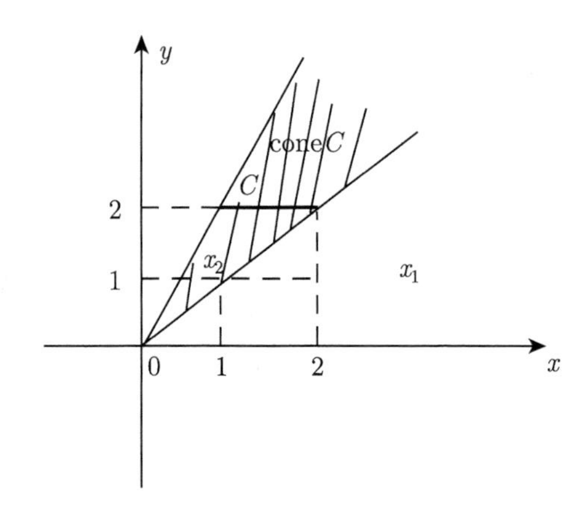

图 4.10　例子 4.8 示意图

定义 4.7　距离函数 $d(\cdot, C)$ 定义为 $d(x,C) = \inf\{|x-y| \mid y \in C\}$.

可以由凸函数定义验证, 以上三个函数均为凸函数.

定理 4.6　对任意凸函数 f 及任意 $\alpha \in [+\infty, -\infty]$, 水平集 $\{x \mid f(x)$

$\leqslant \alpha\}$ 及 $\{x \mid f(x) < \alpha\}$ 是凸集.

证明 由定理 4.2 知, f 是凸函数当且仅当

$$f((1-\lambda)x+\lambda y) < (1-\lambda)\alpha+\lambda\beta, \quad 0<\lambda<1,\ f(x)<\alpha,\ f(y)<\beta.$$

取 $\alpha=\beta$ 即可得到

$$f((1-\lambda)x+\lambda y) < \alpha.$$

令 $C=\{x \mid f(x)<\alpha\}$, 对任意的 $x,\ y\in C$, 有 $f(x)<\alpha,\ y<\alpha$. 因为 $f((1-\lambda)x+\lambda y)<\alpha$, 所以 $(1-\lambda)x+\lambda y\in C$, 即水平集 $\{x \mid f(x)<\alpha\}$ 是凸集.

$\{x \mid f(x)\leqslant\alpha\}=\bigcap\limits_{\mu>\alpha}\{x \mid f(x)<\mu\}$, 凸集的交仍是凸集. 几何上, $\{x \mid f(x)\leqslant\alpha\}$ 可看成 $\mathrm{epi}f$ 与 $\mathbb{R}^{n+1}$ 中水平面 $\{(x,\mu) \mid \mu=\alpha\}$ 的交在 $\mathbb{R}^n$ 上的投影. □

推论 4.1 设 f_i 是 $\mathbb{R}^n$ 上的凸函数, $\alpha_i\in\mathbb{R}, i\in I$(指标集), 则 $C=\{x \mid f(x_i)\leqslant\alpha_i,\forall\ i\in I\}$ 是凸集.

证明 记

$$C_i=\{x \mid f(x_i)\leqslant\alpha_i\}, \quad i\in I,\ C=\bigcap_{i\in I}C_i$$

为凸集之交. 因此, C 是凸集. □

设 f 是定理 4.6 中的二次凸函数, 当 Q 半正定时, 满足 $\frac{1}{2}\langle x,Qx\rangle+\langle x,a\rangle+\alpha\leqslant 0$ 的点集是凸集. 这种形式的集合包含所有实椭球和抛物面, 特别地, 例如 $\{x \mid \langle x,x\rangle\leqslant 1\}$ 的球.

定理 4.6 与推论 4.1 在非线性不等式的证明中很重要.

例子 4.9 令 f 为 $\mathbb{R}$ 上的负对数, 则 f 为凸函数. 取正数 $x_1,\cdots,x_m$ 的凸组合, 由 Jessen 不等式有

$$-\log(\lambda_1 x_1 + \cdots + \lambda_m x_m) \leqslant \sum_{j=1}^{m} -\lambda_j \log x_j,$$

两边同乘 -1, 得到

$$\log(\lambda_1 x_1 + \cdots + \lambda_m x_m) \geqslant \sum_{j=1}^{m} \lambda_j \log x_j.$$

即

$$\lambda_1 x_1 + \cdots + \lambda_m x_m \geqslant x_1^{\lambda_1} \cdots x_m^{\lambda_m}.$$

若 $\lambda_i = \dfrac{1}{m}$, 则得到

$$\frac{x_1 + \cdots + x_m}{m} \geqslant (x_1 \cdots x_m)^{\frac{1}{m}}.$$

非凸函数可经非线性变量替换转化为凸函数.

例子 4.10 考虑 $\mathbb{R}^n$ 正象限上的正代数函数 $g(x) = g(\xi_1, \cdots, \xi_n) = \beta \xi_1^{\alpha_1} \cdots \xi_n^{\alpha_n}$, 其中 $\beta > 0, \alpha_j$ 为任意实数. 令 $\zeta_j = \log \xi_j$. 则 g 变为

$$h(z) = h(\zeta_1, \cdots, \zeta_n) = \beta e^{\alpha_1 \xi_1} \cdots e^{\alpha_n \xi_n} = \beta e^{\langle a, z \rangle},$$

其中 $a = (\alpha_1, \cdots, \alpha_n)^{\mathrm{T}}, z = (\zeta_1, \cdots, \zeta_n)^{\mathrm{T}}$. 可知 h 是凸函数. 对 $\{x \mid g(x) = \alpha\}$ 作相同变换, 则转化为超平面

$$\{z \mid h(x) = \alpha\} = \left\{z \mid \langle a, z \rangle = \log \frac{\alpha}{\beta}\right\}.$$

定义 4.8 若对任意 x, 有 $f(\lambda x) = \lambda f(x), 0 < \lambda < +\infty$, 则称 $\mathbb{R}^n$ 上的 f 是正齐次函数.

性质 4.1 正齐次函数等价于其上图为 $\mathbb{R}^{n+1}$ 的锥.

证明 ($\Rightarrow$) 对任意的 $(x, \mu) \in \mathrm{epi} f$, 有 $\mu \geqslant f(x)$. 因为 $f(x)$ 为正齐次函数, 则有

$$f(\lambda x) = \lambda f(x), \quad 0 < \lambda < +\infty.$$

对于任意的 $0 < \lambda < +\infty$, 有

$$\lambda\mu \geqslant \lambda f(x) = f(\lambda x).$$

所以 $(\lambda x, \lambda\mu) \in \mathrm{epi}f$, 即 $\mathrm{epi}f$ 为锥.

($\Leftarrow$) 因为

$$\lambda f(x) = \lambda \inf_{(x,\mu)\in \mathrm{epi}f}\{\mu\}$$

及

$$f(\lambda x) = \inf_{(\lambda x,\mu)\in \mathrm{epi}f}\{\mu\} = \lambda \inf_{\lambda(x,\frac{\mu}{\lambda})\in \mathrm{epi}f}\left\{\frac{\mu}{\lambda}\right\}.$$

而 $\mathrm{epi}f$ 是锥, 所以

$$f(\lambda x) = \lambda \inf_{(x,\frac{\mu}{\lambda})\in \mathrm{epi}f}\left\{\frac{\mu}{\lambda}\right\}.$$

所以有 $f(\lambda x) = \lambda f(x)$. 即 $f(x)$ 是正齐次函数. □

例子 4.11 下面举几个正齐次函数的例子:

(1) $f(x) = |x|$;

(2) $f(x) = \sum\limits_{i=1} |x_i| = \|x\|_1$;

(3) $f(x) = \sum\limits_{i<j} |x_i - x_j|$;

(4) $f(x) = \sum\limits_{i<j} \max\{|x_i|, |x_j|\}$.

定理 4.7 从 $\mathbb{R}^n$ 到 $(-\infty, +\infty]$ 的正齐次函数 f 是凸的当且仅当

$$f(x+y) \leqslant f(x) + f(y).$$

证明 f 是凸函数等价于 $\mathrm{epi}f$ 是凸集. 而 f 的正齐次性等价于 $\mathrm{epi}f$ 为锥. 故 f 为正齐次凸函数等价于 $\mathrm{epi}f$ 是凸锥. 这等价于 $\mathrm{epi}f$ 对加法和正数乘封闭 (定理 2.6). 现证 $\mathrm{epi}f$ 对加法和正数乘封闭当且仅当

$$f(x+y) \leqslant f(x) + f(y).$$

(必要性)　设 epi$f$ 对加法和正数乘封闭. 对任意 $(x, f(x)), (y, f(y)) \in \mathrm{epi}f$, 有 $(x+y, f(x)+f(y)) \in \mathrm{epi}f$, 即 $f(x+y) \leqslant f(x)+f(y)$.

(充分性)　对任意的 $x, y \in \mathbb{R}^n$, 任意的 $(x, \mu), (y, \nu) \in \mathrm{epi}f$, 有

$$f(x+y) \leqslant f(x)+f(y) \leqslant \mu+\nu,$$

即 $(x+y, \mu+\nu) \in \mathrm{epi}f$. 故 epi$f$ 对加法封闭. 由正齐次性, 对任意的 $(x, \mu) \in \mathrm{epi}f$, 有

$$f(\lambda x)=\lambda f(x) \leqslant \lambda \mu.$$

即 $\lambda(x, \mu) \in \mathrm{epi}f$. 因此 epi$f$ 对正数乘封闭. □

推论 4.2　*若 f 是正齐次正常凸函数, 则* $f\left(\sum\limits_{i=1}^{m}\right) \leqslant \sum\limits_{i=1}^{m} \lambda_i f(x_i)$. $\lambda_1>0, \cdots, \lambda_n>0$.

证明　由性质 4.1, epi$f$ 是凸锥, 则 epi$f$ 包含其元素的所有正线性组合. 对任意的 $(x_i, f(x_i)) \in \mathrm{epi}f$, $i=1, \cdots, m$, 有

$$\sum_{i=1}^{m} \lambda_i(x_i, f(x_i)) \in \mathrm{epi}f, \quad \lambda_i>0,$$

即

$$f\left(\sum_{i=1}^{m} \lambda_i x_i\right) \leqslant \sum_{i=1}^{m} \lambda_i f(x_i).$$

或者由定理4.7, 有

$$\begin{aligned} f\left(\sum_{i=1}^{m} \lambda_i x_i\right) &= f\left(\lambda_1 x_1+\sum_{i=2}^{m} \lambda_i x_i\right) \\ &\leqslant f(\lambda_1 x_1)+f\left(\sum_{i=2}^{m} \lambda_i x_i\right) \leqslant \lambda_1 f(x_1)+\cdots+f(\lambda_m x_m) \\ &= \sum_{i=1}^{m} \lambda_i f(x_i). \end{aligned}$$

□

注 4.4　f 要求是正常的, 说明 $f > -\infty$. 即避免有 $\infty - \infty$ 的情况, 如 $f(x_1) = +\infty$, $f(x_2) = -\infty$.

推论 4.3　若 f 是正齐次正常凸函数, 则对任意的 x,

$$f(-x) \geqslant -f(x).$$

证明　由定理4.7, $f(x+y) \leqslant f(x) + f(y)$. 令 $y = -x$, 则 $f(x) + f(-x) \geqslant f(0) = 0$. 结论成立. 事实上,

$$f(0) = f(\lambda \cdot 0) \leqslant \lambda f(0), \quad \lambda > 0.$$

整理得

$$(\lambda - 1) f(0) \geqslant 0.$$

当 $\lambda \geqslant 1$ 时, $f(0) \geqslant 0$; 当 $\lambda \leqslant 1$ 时, $f(0) \leqslant 0$. 从而得到 $f(0) = 0$. □

定理 4.8　正齐次正常凸函数 f 在子空间 L 上是线性的当且仅当对每个 $x \in L$, 有 $f(-x) = -f(x)$. 事实上, 只需在 $f(-b_i) = -f(b_i)$ 时成立, 其中 $b_1, \cdots, b_n$ 为 L 一组基.

证明　设 $b_1, \cdots, b_m$ 为 L 的一组基, 则定理等价于 $f(-b_i) = -f(b_i)$ 当且仅当正齐次正常凸函数 f 在子空间 L 上是线性的.

(充分性)　是显然的.

(必要性)　对任意的 $\lambda_i \in R$, $f(\lambda_i b_i) = \lambda_i f(b_i)$. 对任意的 $x = \lambda_1 b_1 + \cdots + \lambda_m b_m \in L$, 有

$$\begin{aligned} f(\lambda_1 b_1) + \cdots + f(\lambda_m b_m) &\geqslant f\left(\sum_{i=1}^{m} \lambda_i b_i\right) = f(x) \\ &\geqslant -f(-x) \geqslant -\sum_{i=1}^{m} -f(\lambda_i b_i) \\ &= \sum_{i=1}^{m} f(\lambda_i b_i). \end{aligned}$$

根据定理4.7和推论 4.2, 有

$$f(x)=\sum_{i=1}^{m} f(\lambda_i b_i)=\sum_{i=1}^{m} \lambda_i f(b_i).$$

从而f在L上是线性的. 特别地, 对任意的 $x \in L$, 有 $f(-x)=-f(x)$. □

练 习 题

练习 4.1 记 $f(x)=\max(0,x)$, 判断 $f(x)$ 的凸性, 并画出其上图.

练习 4.2 设 $f_1(x), f_2(x), \cdots, f_k(x)$ 为 $\mathbb{R}^n$ 上的凸函数. 记

$$f(x)=\max(f_1(x), f_2(x), \cdots, f_k(x)).$$

判断 $f(x)$ 的凸性.

练习 4.3 若

$$\mathrm{epi} f(x)=\{(x,u) \mid x \in [1,2],\ u \geqslant 3\}.$$

判断 $\mathrm{epi} f$ 的凸性, 写出 $f(x)$ 表达式.

练习 4.4 若

$$\mathrm{epi} f(x)=\{(x,y,z) \in \mathbb{R}^3 \mid z \geqslant x^2+y^2\}.$$

判断 $\mathrm{epi} f$ 的凸性, 写出 $f(x)$ 表达式.

练习 4.5 设 $x \in \mathbb{R}^n$, $x^{\downarrow}$ 为 x 中元素按照绝对值由大到小进行排序后的向量, 即

$$|x_1^{\downarrow}| \geqslant |x_2^{\downarrow}| \geqslant \cdots \geqslant |x_n^{\downarrow}|.$$

证明函数

$$f(x)=\|x\|_{(k)}:=\sum_{i=1}^{k} |x_i^{\downarrow}|$$

为凸函数.

第5章 函数运算

5.1 复合与加法

如何从已知的凸函数得到一个新的凸函数? 我们已经证明了许多保持凸性的运算. 下面将要介绍的运算很有用. 特别地是要证明具有复杂形式的函数是凸函数的情形.

定理 5.1 设 $f:\mathbb{R}^n\to(-\infty,+\infty]$ 是凸函数, $\varphi:\mathbb{R}\to(-\infty,+\infty)$ 是非减凸函数, 则 $h(x)=\varphi(f(x))$ 是 $\mathbb{R}^n$ 上的凸函数 (设 $\varphi(+\infty)=+\infty$).

证明 对于任意 $x,y\in\mathbb{R}^n, 0<\lambda<1$, 有

$$f((1-\lambda)x+\lambda y)\leqslant(1-\lambda)f(x)+\lambda f(y).$$

根据 φ 的非减性, 得到

$$\varphi(f((1-\lambda)x+\lambda y))\leqslant\varphi((1-\lambda)f(x)+\lambda f(y)).$$

因为 φ 是凸函数, 所以

$$\begin{aligned}\varphi((1-\lambda)f(x)+\lambda f(y))&\leqslant(1-\lambda)\varphi(f(x))+\lambda\varphi(f(y))\\&=(1-\lambda)h(x)+\lambda h(y).\end{aligned}$$

因此, 可以得到

$$\begin{aligned}\varphi(f((1-\lambda)x+\lambda y))&=h((1-\lambda)x+\lambda y)\\&\leqslant(1-\lambda)h(x)+\lambda h(y).\end{aligned}$$

□

例子 5.1　设 $f(x)$ 是正常凸函数, $\varphi(x) = e^x$ 是非减凸函数, 则 $h(x) = e^{f(x)}$ 是正常凸函数.

例子 5.2　设 $f(x)$ 是 $\mathbb{R}$ 上的非负凸函数, $p > 1$,

$$\varphi(\xi) = \begin{cases} \xi^p, & \xi \geqslant 0, \\ 0, & \text{其他}. \end{cases}$$

则 $h(x) = (f(x))^p$ 是凸函数.

特别地, $h(x) = \|x\|^p$ 是 $\mathbb{R}^n$ 上的凸函数, 其中 $p \geqslant 1$, $\|x\|$ 指对 x 取欧式范数.

例子 5.3　设 $g(x)$ 是 $C = \{x \mid g(x) > 0\}$ 上的凹函数, 令 $f(x) = -g(x)$ 及

$$\varphi(\xi) = \begin{cases} \dfrac{-1}{\xi}, & \xi < 0, \\ +\infty, & \text{其他}, \end{cases}$$

则

$$h(x) = \varphi(f(x)) = \frac{1}{-f(x)} = \frac{1}{g(x)}$$

是凸函数.

例子 5.4　给定 φ 是 $\mathbb{R}$ 上的仿射函数, 即: $\varphi = \lambda x + \alpha$ 且它的斜率 $\lambda > 0$. 我们可以得到一个重要的结论: 当 f 是正常凸函数时, $\varphi(f) = \lambda f + \alpha$ 也是正常凸函数.

定理 5.2　设 f_1 和 f_2 是 $\mathbb{R}^n$ 上的正常凸函数, 则 $f_1 + f_2$ 是凸函数.

证明　略. □

注 5.1　(1) 在定理 5.2 的假设中的“正常”, 是为了当 $f_1 + f_2$ 给定时, 避免 $\infty - \infty$ 的出现.

(2) 若 f_1, f_2 是正常的, f_1+f_2 并不一定正常. 举例如下:

$$f_1(x)=\begin{cases}0, & x<0,\\ +\infty, & x\geqslant 0,\end{cases}\qquad f_2(x)=\begin{cases}+\infty, & x\geqslant 0,\\ 0, & x<0,\end{cases}$$

而 $f_1+f_2=+\infty$ 是非正常的.

(3) $(f_1+f_2)(x)<\infty$ 当且仅当 $f_1(x)<\infty, f_2(x)<\infty$。因此 f_1+f_2 的有效域是 f_1 和 f_2 的有效域的交集, 即

$$\mathrm{dom}(f_1+f_2)=\mathrm{dom}f_1\bigcap\mathrm{dom}f_2.$$

其中, 有效域有可能是 $\varnothing$.

(4) 当 $\mathrm{dom}(f_1+f_2)=\varnothing$ 时, f_1+f_2 是非正常的.

正常凸函数的线性组合

$$\lambda_1 f_1+\cdots+\lambda_m f_m$$

是凸函数, 其中 $\lambda_i\geqslant 0, i=1,\cdots,m$.

例子 5.5[11, 12] 设 $f(x)$ 是有限凸函数, C 是非空凸集, 则

$$F(x)=f(x)+\delta(x\mid C)=\begin{cases}f(x), & x\in C,\\ +\infty, & \text{其他}.\end{cases}$$

其中, $\delta(\cdot\mid C)$ 是 C 的指示函数. 所以 $f(x)$ 与指示函数相加相当于限制 $f(x)$ 的有效定义域. 考虑约束最优化问题

$$\begin{cases}\min\limits_x & f(x)\\ \text{s.t.} & x\in C.\end{cases}$$

通过定义如上的 F, 可将原问题等价转化为如下无约束问题:

$$\min_x \quad F(x).$$

即: F 可理解为罚函数.

5.2　下　卷　积

在 $\mathbb{R}^n$ 上构造凸函数的常用策略是：先构造 $\mathbb{R}^{n+1}$ 上的凸集 F, 然后根据下面的定理, 得到凸函数.

定理 5.3　设 F 是 $\mathbb{R}^{n+1}$ 上的任意凸集, 定义

$$f(x) = \inf\{\mu \mid (x, \mu) \in F\},$$

则 f 是 $\mathbb{R}^n$ 上的凸函数.

证明　由定理 4.2, 结果显然. (注意到一个约定：实数空集的下确界为 $+\infty$.)　□

例子 5.6　若 F 是非凸集合, 由定理 5.3 定义的函数 f 可能是凸的, 也有可能不是凸的. 如图 5.1 和图 5.2 所示.

作为定理 5.3 的第一个应用, 我们介绍对应于 $\mathbb{R}^{n+1}$ 上的集合的上图的加法运算.

定理 5.4　设 $f_1, f_2, \cdots, f_m$ 是 $\mathbb{R}^n$ 上的正常凸函数, 令

$$f(x) = \inf\{f_1(x_1) + \cdots + f_m(x_m) \mid x_i \in \mathbb{R}^n,\ x = x_1 + \cdots + x_m\},$$

则 f 是 $\mathbb{R}^n$ 上的凸函数.

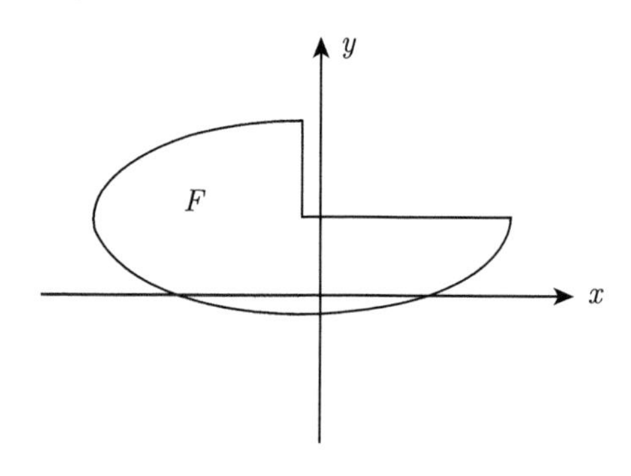

图 5.1　非凸的集合得到凸函数

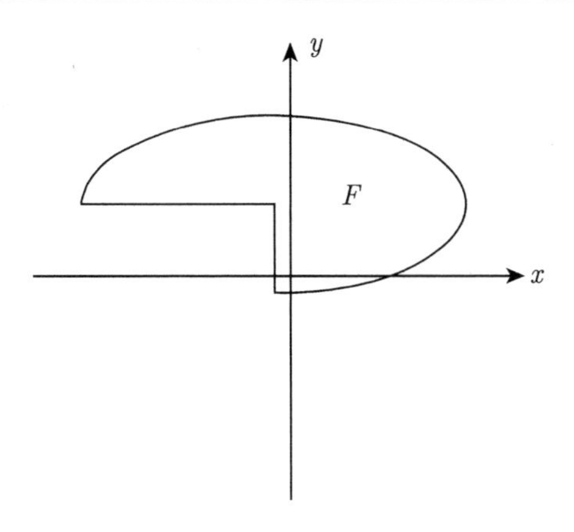

图 5.2 非凸的集合得到非凸函数

证明 令

$$F_i = \mathrm{epi} f_i, \quad F = F_1 + \cdots + F_m,$$

则 F 是 $\mathbb{R}^{n+1}$ 上的凸集. 根据定义, 对任意的 (x,μ), $(x,\mu) \in F$ 当且仅当存在 $x_i \in \mathbb{R}^n$, $\mu_i \in \mathbb{R}$, 使得 $\mu_i \geqslant f_i(x_i)$, 这里

$$\mu = \mu_1 + \cdots + \mu_m, \quad x = x_1 + \cdots + x_m.$$

定义 $g(x)$ 如下:

$$\begin{aligned}
g(x) &= \inf\{\mu \mid (x,\mu) \in F\} \\
&= \inf\Bigg\{\mu_1 + \cdots + \mu_m \mid (x_1 + \cdots + x_m, \mu_1 + \cdots + \mu_m) \in F, \\
&\quad \sum_{i=1}^m x_i = x,\ \sum_{i=1}^m \mu_i = \mu\Bigg\} \\
&= \inf\{\mu_1 + \cdots + \mu_m \mid (x_i,\mu_i) \in F_i, \\
&\quad i = 1,\cdots,m,\ x_i \in \mathbb{R}^n,\ x = x_1 + \cdots + x_m\} \\
&= \inf\{\mu_1 + \cdots + \mu_m \mid \mu_i \geqslant f_i(x_i), \\
&\quad i = 1,\cdots,m,\ x_i \in \mathbb{R}^n,\ x = x_1 + \cdots + x_m\}
\end{aligned}$$

$$= \inf\{f_1(x_1) + \cdots + f_m(x_m) \mid x_i \in \mathbb{R}^n,\ x = x_1 + \cdots + x_m\}$$
$$= f(x).$$

由定理 5.3 知, $f(x)$ 为凸函数. □

定理 5.4 中的函数定义为

$$f = f_1 \Box f_2 \Box \cdots \Box f_m,$$

运算 "□" 叫作下卷积 (infimal convolution). 当只有两个函数时, □ 可以表示成

$$(f \Box g)(x) = \inf_y \{f(x-y) + g(y)\}.$$

这和积分卷积的经典公式类似.

例子 5.7　如果对于给定点 $a \in \mathbb{R}^n$, $g = \delta(\cdot \mid a)$, 即

$$g(y) = \begin{cases} 0, & y = a, \\ +\infty, & y \neq a. \end{cases}$$

则 $\mathrm{epi}g = \{(a,t) \mid t \geqslant 0\}$. 故有

$$\begin{aligned}(f \Box g)(x) &= \inf_y \{f(x-y) + g(y) \mid (x,\mu) \in \mathrm{epi}f + \mathrm{epi}g\} \\ &= \{f(x-a) + g(a)\} \\ &= f(x-a).\end{aligned}$$

所以 $f \Box \delta(\cdot \mid a)$ 相当于对 f 进行变换, 它的图是 f 的图平移 a 得到的. 而其有效定义域为

$$\mathrm{dom}(f \Box g) = \mathrm{dom}(f(x-a)) = \mathrm{dom}f + a.$$

例子 5.8　对于任意的 g 和 $h(y) = f(-y)$, 下卷积 $f \Box g$ 可以表

示成

$$(f\Box g)(x) = \inf_y\{f(x-y)+g(y)\}$$

$$= \inf_y\{h(y-x)+g(y)\}$$

$$= \inf_y\{h\Box\delta(y|x)+g(y)\}.$$

最后一个等号利用了上述推导的 $h(y-x)=h\Box\delta(y|x)$.

考虑 $f\Box g$ 的有效域: 由定义

$$(f\Box g)(x)=\inf\{f(x_1)+g(x_2)\mid x=x_1+x_2,\ \mu=\mu_1+\mu_2,$$
$$(x_1,\mu_1)\in \mathrm{epi}f,\ (x_2,\mu_2)\in \mathrm{epi}g\}.$$

要使 $(f\Box g)(x)<+\infty$, 则 $\mu_1<+\infty, \mu_2<+\infty$, 那么 $x_1\in \mathrm{dom}f, x_2\in \mathrm{dom}g$, 所以有

$$\mathrm{dom}(f\Box g)=\mathrm{dom}f+\mathrm{dom}g.$$

例子 5.9 若 f 是欧式范数, $g=\delta(\cdot\mid C)$ 是凸集 C 的指示函数, 有

$$(f\Box g)(x)=\inf_y\{\|x-y\|+\delta(y\mid C)\}=\inf_{y\in C}\|x-y\|=d(x,C),$$

这建立了距离函数 $d(\cdot\mid C)$ 的凸性.

下卷积不一定保持凸函数的正常性, 因为定理 5.4 公式中的下确界有可能是 $-\infty$. 这个公式定义的非正常函数的下卷积也不保持正常性, 因为避免不了 $\infty-\infty$. 然而, $f_1\Box f_2$ 可以通过任意从 $\mathbb{R}^n$ 到 $[-\infty,+\infty]$ 的函数 f_1, f_2 来直接定义. 依据上图的加法, 有

$$(f_1\Box f_2)(x)=\inf\{\mu\mid (x,\mu)\in(\mathrm{epi}f_1+\mathrm{epi}f_2)\}.$$

作为从 $\mathbb{R}^n$ 到 $[-\infty,+\infty]$ 的所有函数集的运算, 已经知道了下卷积保持凸性. 很明显它也满足交换律, 即 $f\Box g=g\Box f$.

另外, 下卷积也满足结合律. 说明如下:

$$\begin{aligned}(f\Box(g\Box h))(x) &= \inf_y\{f(x-y)+(g\Box h)(y)\}\\ &= \inf_y\{f(x-y)+\inf_z\{g(y-z)+h(z)\}\}\\ &= \inf_y\inf_z\{f(x-y)+g(y-z)+h(z)\},\end{aligned}$$

而

$$\begin{aligned}((f\Box g)\Box h)(x) &= \inf_z\{(f\Box g)(x-z)+h(z)\}\\ &= \inf_z\{\inf_t\{f(x-z-t)+g(t)+h(z)\}\},\end{aligned}$$

令 $t=y-z$, 则 $x-z-t=x-y$,

$$\begin{aligned}((f\Box g)\Box h)(x) &= \inf_z\{\inf_t\{f(x-z-t)+g(t)+h(z)\}\}\\ &= \inf_z\inf_y\{f(x-y)+g(y-z)+h(z)\}\\ &= \inf_y\inf_z\{f(x-y)+g(y-z)+h(z)\}.\end{aligned}$$

因此有

$$((f\Box g)\Box h)(x)=(f\Box(g\Box h))(x).$$

而函数 $\delta(\cdot\mid 0)$ 是下卷积运算的单位元 (因为 $f\Box\delta(\cdot\mid 0)=f(x)$).

5.3 数　　乘

定义 5.1　凸函数的左数乘: 对 $\lambda\geqslant 0$, $(\lambda f)(x)=\lambda f(x)$.

很明显, 左数乘运算保持凸性.

定义 5.2　凸函数的右数乘:

$$(f\lambda)(x)=\begin{cases}\lambda f(\lambda^{-1}x), & \lambda>0,\\ (f0)(x)=\delta(x\mid 0), & \lambda=0.\end{cases}$$

右数乘是由定理 5.3 衍生出来的. 已知 f 凸, 令 $F=\lambda\text{epi}f$, $\lambda \geqslant 0$. 则 F 是凸集, 形式为

$$F=\{(y,z)\mid y=\lambda x,\ z=\lambda\mu,\ (x,\mu)\in \text{epi}f,\ \lambda\geqslant 0\}.$$

记由定理 5.3 作用在 F 上得到的凸函数为 $g(y)$. 则有

$$\begin{aligned}g(y)&=\inf\{z\mid (y,z)\in F,\ y=\lambda x,\ z=\lambda\mu,\ (x,\mu)\in\text{epi}f,\\&\qquad \mu\geqslant f(x),\ \lambda\geqslant 0\}\\&=\inf\{z\mid x=\lambda^{-1}y,\ \mu=\lambda^{-1}z,\ (\lambda^{-1}y,\lambda^{-1}z)\in\text{epi}f,\ \lambda\geqslant 0\}\\&=\inf\{z\mid z\geqslant \lambda f(\lambda^{-1}y)\}\\&=\lambda f(\lambda^{-1}y).\end{aligned}$$

所以, $(f\lambda)(x)=\lambda f(\lambda^{-1}x)$ 是凸函数.

当 $\lambda=0$ 时, 有

$$(f0)(x)=\delta(x\mid 0),\quad f\neq+\infty.$$

显然, 当 $f\equiv+\infty$ 时, $f0=f$.

注 5.2 函数 f 是正齐次的, 当且仅当对每个 $\lambda>0$, 有 $f\lambda=f$.

证明 若 f 是正齐次函数, 则对任意的 $\lambda\geqslant 0$, 有 $f(\lambda x)=\lambda f(x)$. 故

$$(f\lambda)(x)=\lambda f(\lambda^{-1}x)=\lambda\cdot\lambda^{-1}f(x)=f(x).$$

若已知 $f\lambda=f$, 则有

$$(f\lambda)(x)=\lambda f(\lambda^{-1}x).$$

所以有 $f(\lambda x)=\lambda f(x)$. □

注 5.3 设 h 是 $\mathbb{R}^n$ 上的任意凸函数, F 是由 $\text{epi}h$ 生成的 $\mathbb{R}^{n+1}$ 上的凸锥. 由定理 5.3 作用于 F 得到的凸函数 f 是满足 $f(0)\leqslant 0$ $(f\leqslant h)$ 的最大正齐次凸函数.

证明 由 F 的定义

$$F=\{(\lambda x,\lambda\mu)\mid(x,\mu)\in\text{epi}h,\ \lambda>0\}\bigcup\{\mathbf{0}\},$$

因为 F 中包含原点以及 $(x,h(x))$, 所以 f 一定满足 $f(0)\leqslant 0, f\leqslant h$. 因为 F 是凸锥, 它对应的函数 f 一定是正齐次凸的. 只需说明 f 的最大性.

对任意包含 epi$h$ 的凸锥 G, 由 G 通过定理 5.3 生成的凸函数记为 g. 则由

$$\text{epi}h\subseteq G\subseteq\text{epi}g$$

和 g 与 f 的定义, 有 $g\leqslant f\leqslant h$. 再由推论 2.6 知, F 是包含 epi$h$ 的最小凸锥, 则一定有 $g\leqslant f$. 这就说明了 f 的最大性. □

我们称此 f 是由 h 生成的正齐次凸函数. 下面推导 f 的表达式. 注意到

$$F=\{(\lambda x,\lambda\mu)\mid(x,\mu)\in\text{epi}h,\ \lambda>0\}\bigcup\{\mathbf{0}\},$$

而

$$\begin{aligned}f(y)&=\inf\{z\mid(y,z)\in F,y=\lambda x,z=\lambda\mu,\ (x,\mu)\in\text{epi}h,\ \lambda>0\}\bigcup\{\mathbf{0}\}\\&=\inf\{z\mid x=\lambda^{-1}y,\ \mu=\lambda^{-1}z,\ (\lambda^{-1}y,\ \lambda^{-1}z)\in\text{epi}h,\ \lambda>0\}\bigcup\{\mathbf{0}\}\\&=\inf\{z\mid z\geqslant\lambda h(\lambda^{-1}y)\}\bigcup\{\mathbf{0},\ \lambda>0\}\\&=\inf\{(h\lambda)(y)\mid\lambda\geqslant 0\}.\end{aligned}$$

即

$$f(y)=\inf\{(h\lambda)(y)\mid\lambda\geqslant 0\}.\tag{5.1}$$

例子 5.10 若令 f 是 $\mathbb{R}^n$ 上的任意正常凸函数, 定义

$$h(\lambda, x) = \begin{cases} f(x), & \lambda = 1, \\ +\infty, & \text{其他}. \end{cases}$$

下面推导由 h 生成的正齐次凸函数 g 的表达式. 首先可以得出 $\text{epi}h = \{(1, x, \mu) \mid \mu \geqslant f(x)\}$ 是凸集, 则由 h 生成的正齐次凸函数 g 为

$$\begin{aligned} g(\alpha, y) &= \inf\{z \mid (\alpha, y, z) = \alpha(1, x, \mu) \in F, y = \alpha x, \\ &\qquad z = \alpha\mu, \mu \geqslant f(x), \alpha > 0\} \bigcup \{\mathbf{0}\} \\ &= \inf\{z \mid x = \alpha^{-1}y,\ \mu = \alpha^{-1}z,\ \mu \geqslant f(x),\ \alpha > 0\} \bigcup \{\mathbf{0}\} \\ &= \inf\{z \mid z \geqslant \alpha f(\alpha^{-1}y),\ \alpha > 0\} \\ &= (f\alpha)(y), \quad \alpha \geqslant 0. \end{aligned}$$

故得到

$$g(\lambda, x) = \begin{cases} (f\lambda)(x), & \lambda \geqslant 0, \\ +\infty, & \text{其他}. \end{cases}$$

且 g 是正齐次正常凸函数.

例子 5.11 $\mathbb{R}^n$ 上的一个非空凸集 C 的规范函数 $\gamma(\cdot|C)$ 是由 $\delta(\cdot \mid C) + 1$ 生成的正齐次凸函数.

注意到, 给定 $h(x) = \delta(x \mid C) + 1$, 由例子 5.11, 有

$$(h\lambda)(x) = \lambda h(\lambda^{-1}x) = \lambda\delta(\lambda^{-1}x \mid C) + \lambda = \delta(x \mid \lambda C) + \lambda,$$

因此, 根据式 (5.1) 可以写出由 h 生成的正齐次凸函数为

$$\inf\{(h\lambda)(x) \mid \lambda \geqslant 0\} = \inf\{\lambda \geqslant 0 \mid x \in \lambda C\} = \gamma(x \mid C).$$

5.4 逐点上确界函数

定理 5.5 凸函数族的逐点上确界是凸的.

证明　根据凸集族的交仍是凸集, 记

$$f(x) = \sup\{f_i(x) \mid i \in I\},$$

f 的上图是这些函数 f_i 的上图的交集. 即

$$\begin{aligned}\mathrm{epi} f &= \{(x,\mu) \mid \mu \geqslant f(x)\} \\ &= \{(x,\mu) \mid \mu \geqslant f_i(x),\ i \in I\} \\ &= \{(x,\mu) \mid (x,\mu) \in \mathrm{epi} f_i,\ i \in I\} \\ &= \bigcap \mathrm{epi} f_i.\end{aligned}$$

由 f_i 的凸性可得到 $\mathrm{epi} f_i$ 的凸性, 进而其交也为凸集. 故 f 为凸函数. □

例子 5.12　$\mathbb{R}^n$ 上集合 C 的支撑函数 $\delta^*(\cdot \mid C)$ 的凸性可从定理 5.5 理解. 由支撑函数的定义, 有

$$\delta^*(x \mid C) = \sup\{\langle x, y\rangle \mid y \in C\} = \sup_{y\in C}\langle x, y\rangle.$$

这个函数是线性函数族的逐点上确界, 即里面的 $\langle \cdot, y\rangle$ 是 y 在 C 上变化时的函数.

例子 5.13　作为例子 5.12 的特例, 设 $x = (\xi_1, \cdots, \xi_n)$, 函数

$$f(x) = \max\{\xi_j \mid j = 1, \cdots, n\}.$$

(1) 根据定理 5.5, f 是凸函数, 因为它是线性函数 $\langle x, e_j\rangle$ $(j = 1, \cdots, n)$ 的逐点上确界. 其中, e_j 是 $n \times n$ 单位矩阵的第 j 行向量. 注意到 f 也是正齐次的.

(2) 事实上, $f(x)$ 也是单纯形

$$C = \{y = (\eta_1, \cdots, \eta_n) \mid \eta_j \geqslant 0,\ \eta_1 + \cdots + \eta_n = 1\}$$

的支撑函数. 因为此时

$$\begin{aligned}\delta^*(x \mid C) &= \sup\{\langle x, y\rangle \mid y \in C\}\\ &= \sup\{\xi_1\eta_1 + \cdots + \xi_n\eta_n \mid (\eta_1, \cdots, \eta_n) \in C\}\\ &= \sup\left\{\xi_1\eta_1 + \cdots + \xi_n\eta_n \mid \eta_i \geqslant 0,\ i = 1, \cdots, \eta_n,\ \sum_{i=1}^{n}\eta_i = 1\right\}.\end{aligned}$$

设 $\xi_k = \max\{\xi_1, \cdots, \xi_n\}$, 那么

$$\langle x, y\rangle = \xi_1\eta_1 + \cdots + \xi_n\eta_n \leqslant \xi_k\eta_1 + \cdots + \xi_k\eta_n \leqslant \xi_k.$$

所以

$$f(x) = \sup\{\langle x, y\rangle \mid y \in C\} = \xi_k = \delta^*(x \mid C).$$

例子 5.14 函数

$$k(x) = \max\{|\xi_j| \mid j = 1, \cdots, n\}$$

称作 $\mathbb{R}^n$ 上的切比雪夫范数.

(1) $k(x)$ 是凸集

$$D = \{y = (\eta_1, \cdots, \eta_n) \mid |\eta_1| + \cdots + |\eta_n| \leqslant 1\}$$

的支撑函数.

类似上面的推导, 令 $|\xi_k| = \max\{|\xi_1|, \cdots, |\xi_n|\}$. 那么

$$\begin{aligned}\langle x, y\rangle &\leqslant |\xi_1\eta_1 + \cdots + \xi_n\eta_n|\\ &\leqslant |\xi_k\eta_1| + \cdots + |\xi_k\eta_n|\\ &\leqslant |\xi_k||\eta_1| + \cdots + |\xi_k||\eta_n|\\ &\leqslant |\xi_k|.\end{aligned}$$

所以有

$$\begin{aligned}\delta^*(x \mid C) &= \sup\{\langle x, y\rangle \mid y \in D\} \\ &= \sup\{\xi_1\eta_1 + \cdots + \xi_n\eta_n \mid |\eta_1| + \cdots + |\eta_n| \leqslant 1\} \\ &= \max\{|\xi_j| \mid j = 1, \cdots, n\} \\ &= k(x).\end{aligned}$$

(2) 同时, $k(x)$ 也是 n 维立方体

$$E = \{x = (\xi_1, \cdots, \xi_n) \mid -1 \leqslant \xi_j \leqslant 1, j = 1, \cdots, n\}$$

的规范函数. 这个结论是显然的. 因为

$$\begin{aligned}\gamma(x \mid E) &= \inf\{\lambda \geqslant 0 \mid x \in \lambda E\} \\ &= \inf\{\lambda \geqslant 0 \mid |\xi_1| \leqslant \lambda, \cdots, |\xi_n| \leqslant \lambda\} \\ &= \max\{|\xi_j| \mid j = 1, \cdots, n\} \\ &= k(x).\end{aligned}$$

5.5　非凸函数的凸包

定义 5.3　非凸函数 g 的凸包 f 定义为以 g 的上图的凸包作为上图, 利用定理 5.3 得到的凸函数. 即

$$f(x) = \inf\{\mu \mid (x, \mu) \in F,\ F = \mathrm{conv}(\mathrm{epi}g)\}.$$

非凸函数 g 的凸包是被 g 优超的最大的凸函数. 记为 $f = \mathrm{conv}g$.

由定理 2.3, 点 $(x, \mu) \in F$ 当且仅当它可以表示成 $\mathrm{epi}g$ 中点的凸组合:

$$(x, \mu) = \lambda_1(x_1, \mu_1) + \cdots + \lambda_m(x_m, \mu_m)$$

$$=(\lambda_1 x_1+\cdots+\lambda_m x_m, \lambda_1\mu_1+\cdots+\lambda_m\mu_m), \qquad (5.2)$$

其中, $(x_i,\mu_i)\in \mathrm{epi}g$, $\sum\limits_{i=1}^{m}\lambda_i=1, \lambda_i>0$, (也就是说 $g(x_i)\leqslant\mu_i\in\mathbb{R}$). 因此

$$\begin{aligned}
f(x)&=\inf\{\mu \mid (x,\mu)\in F,\ F=\mathrm{conv}(\mathrm{epi}g)\}\\
&=\inf\{\mu \mid (x_i,\mu_i)\in \mathrm{epi}g,\ \sum_{i=1}^{m}\lambda_i=1,\ \lambda_i>0,\ \sum_{i=1}^{m}\lambda_i x_i=x\}\\
&=\inf\left\{\lambda_1 g(x_1)+\cdots+\lambda_m g(x_m)\ \middle|\ \sum_{i=1}^{m}\lambda_i=1,\ \lambda_i>0,\ \sum_{i=1}^{m}\lambda_i x_i=x\right\}\\
&=\inf\{\lambda_1 g(x_1)+\cdots+\lambda_m g(x_m) \mid \lambda_1 x_1+\cdots+\lambda_m x_m=x\}.
\end{aligned}$$

其中, 下确界取遍了 x 在 $\mathbb{R}^n$ 上所有可能的凸组合 (这里假设 g 不取 $-\infty$, 使得求和有意义).

注 5.4 $\mathbb{R}^n$ 上的任意函数族 $\{f_i \mid i\in I\}$ 的凸包记为 $\mathrm{conv}\{f_i \mid i\in I\}$. 那么

$$f=\mathrm{conv}\{f_i \mid i\in I\}$$

也是一个函数, 它是以这些函数的上图的并集的凸包为上图 F, 再由定理 5.3 得到的. 即

$$F=\mathrm{conv}\left\{\bigcup_{i\in I}\mathrm{epi}f_i\right\},\quad f(x)=\inf\{\mu \mid (x,\mu)\in F\}.$$

它也是这个函数族逐点下确界函数的凸包, 因此对于任意 $x\in\mathbb{R}^n, i\in I$, 有 $f(x)\leqslant f_i(x)$. 如图 5.3, 实线是 f_i 的函数图像, 虚线函数族的凸包 f 的图像.

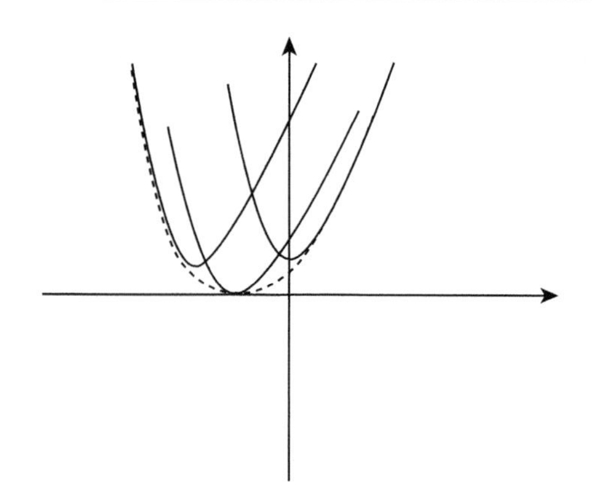

图 5.3　函数族的凸包

定理 5.6　设 $\{f_i \mid i \in I\}$ 是 $\mathbb{R}^n$ 上的正常凸函数, I 是任意指标集, $f = \mathrm{conv}\{f_i \mid i \in I\}$, 则

$$f(x) = \inf \left\{ \sum_{i \in I} \lambda_i f_i(x_i) \;\middle|\; \sum_{i \in I} \lambda_i x_i = x \right\}.$$

其中, 下确界是在 x 作为元素 x_i 的凸组合时的全部表示式上取的, 只有有限个 λ_i 不为 0. (这个公式是合理的, 实际上限制了 $x_i \in \mathrm{dom} f_i$.)

证明　记 $C_i = \mathrm{epi} f_i$, 由定理 3.3 知

$$F = \mathrm{conv} \left\{ \bigcup_{i \in I} C_i \right\}.$$

对 F 中的任意元素 (x, μ) 都可以被有限个 $(x_i, \mu_i) \in C_i$ 的凸组合表示:

$$(x, \mu) = \left(\sum_{i \in I} \lambda_i x_i, \sum_{i \in I} \lambda_i \mu_i \right).$$

其中

$$\sum_{i \in I} \lambda_i = 1, \quad \lambda_i \geqslant 0,\ i \in I.$$

则有

$$\begin{aligned}f(x) &= \inf\left\{\mu \;\middle|\; x=\sum_{i\in I}\lambda_i x_i,\ \mu=\sum_{i\in I}\lambda_i\mu_i, \mu_i \geqslant f_i(x_i)\right\}\\ &= \inf\left\{\sum_{i\in I}\lambda_i\mu_i \;\middle|\; x=\sum_{i\in I}\lambda_i x_i,\ \mu_i \geqslant f_i(x_i)\right\}\\ &= \inf\left\{\sum_{i\in I}\lambda_i f_i(x_i) \;\middle|\; x=\sum_{i\in I}\lambda_i x_i\right\},\end{aligned}$$

其中, 下确界是在 x 作为元素 x_i 的凸组合时的全部表示式上取的, 只有有限个 λ_i 不为 0. □

注 5.5　定理 5.6 的公式还可以表示成下卷积的形式. 为方便讨论, 假设 $I=\{1,\cdots,m\}$. 由定理 3.3 知, $F=\mathrm{conv}\{C_1,\cdots,C_m\}$. 所以有

$$\begin{aligned}F=&\left\{(x,\mu) \;\middle|\; x=\lambda_1x_1+\cdots+\lambda_mx_m,\ \mu=\lambda_1\mu_1+\cdots+\lambda_m\mu_m,\right.\\ &\left.(x_i,\mu_i)\in \mathrm{epi}f_i, \sum_{i\in I}\lambda_i=1,\ \lambda_i\geqslant 0,\ i=1,\cdots,m\right\}\\ =&\left\{(x,\mu) \;\middle|\; x=y_1+\cdots+y_m,\ \mu=v_1+\cdots+v_m, y_i=\lambda_i x_i,\ v_i=\lambda_i\mu_i,\right.\\ &\left.(\lambda^{-1}y_i,\lambda^{-1}v_i)\in \mathrm{epi}f_i,\ \sum_{i\in I}\lambda_i=1,\ \lambda_i\geqslant 0,\ i=1,\cdots,m\right\}.\end{aligned}$$

由定理 5.3 作用在 F 上得到的函数 f:

$$\begin{aligned}f(x)=&\inf\left\{\mu \;\middle|\; (x,\mu)\in F,\ x=\sum_{i\in I}y_i,\right.\\ &\left.\mu=\sum_{i\in I}v_i,\ (\lambda^{-1}y_i,\ \lambda^{-1}v_i)\in \mathrm{epi}f_i\right\}\\ =&\inf\left\{\sum_{i\in I}v_i \;\middle|\; v_i\geqslant \lambda_i f_i(\lambda_i^{-1}y_i),\ x=\sum_{i\in I}y_i\right\}\end{aligned}$$

$$
\begin{aligned}
&= \inf\left\{ (f_1\lambda_1)(y_1) + \cdots + (f_m\lambda_m)(y_m) \;\middle|\; x = \sum_{i \in I} y_i \right\} \\
&= \inf\{(f_1\lambda_1 \square \cdots \square f_m\lambda_m)(x) \mid \lambda_i \geqslant 0,\ \lambda_1 + \cdots + \lambda_m = 1\}.
\end{aligned}
$$

例子 5.15　令

$$
f_i(x) = \delta(x \mid a_i) + \alpha_i = \begin{cases} \alpha_i, & x = a_i, \\ +\infty, & \text{其他}. \end{cases}
$$

a_i 和 α_i 分别是 $\mathbb{R}^n$ 和 $\mathbb{R}$ 上的定点. 那么函数族 $\{f_i(x) \mid i \in I\}$ 的凸包 $f(x)$ 为

$$
f(x) = \inf\left\{ \sum_{i \in I} \lambda_i \alpha_i \;\middle|\; \sum_{i \in I} \lambda_i a_i = x \right\}.
$$

其中, 下确界取 x 作为 a_i 的所有可能凸组合, 并且这里只有有限个系数非零.

注 5.6　$\mathbb{R}^n$ 上的所有凸函数集是完全格. 其中偏序关系定义为逐点有序 (即对任意的 x, 当且仅当 $f(x) \leqslant g(x)$ 时, 有 $f \leqslant g$). 对任意两个凸函数 f_1, f_2, 其下确界为 $\operatorname{conv}\{f_1, f_2\}$, 上确界为 $\sup\{f_1, f_2\}$, 即凸函数族 f_i 的下确界为 $\operatorname{conv}\{f_i \mid i \in I\}$, 上确界为 $\sup\{f_i \mid i \in I\}$.

在下面的定理中考虑凸函数与线性变换的结合.

定理 5.7　设 A 是从 $\mathbb{R}^n$ 到 $\mathbb{R}^m$ 的线性变换, g 是 $\mathbb{R}^m$ 上的凸函数, 函数 gA 定义为

$$
(gA)x = g(Ax)
$$

是 $\mathbb{R}$ 上的凸函数. 设 h 是 $\mathbb{R}^n$ 上的凸函数, 下面定义的函数

$$
(Ah)y = \inf\{h(x) \mid Ax = y\}
$$

是 $\mathbb{R}^m$ 上的凸函数.

证明 首先证明 gA 是凸函数. 对任意的 $\alpha \geqslant 0$, 有

$$\begin{aligned}(gA)((1-\alpha)x_1+\alpha x_2) &= g(A((1-\alpha)x_1+\alpha x_2)) \\ &= g((1-\alpha)Ax_1+\alpha Ax_2) \\ &\leqslant (1-\alpha)g(Ax_1)+\alpha g(Ax_2) \\ &= (1-\alpha)(gA)(x_1)+\alpha(gA)(x_2).\end{aligned}$$

上述不等式利用了 g 的凸性. 因此得到 gA 的凸性.

要证明 Ah 的凸性, 首先构造一个集合

$$F=\{(y,\mu)\mid \mu \geqslant h(x),\ Ax=y\}.$$

则 Ah 可以表示为

$$(Ah)(y)=\inf\{h(x)\mid Ax=y\}=\inf\{\mu\mid (y,\mu)\in F\}.$$

若能证明 F 是个凸集, 那么由定理 5.3 即可得到 Ah 的凸性.

下面证明 F 的凸性. 取 F 中任意两个元素 $(y_1,\mu_1),(y_2,\mu_2)$, 则存在 $x_1,\ x_2$, 使得

$$Ax_1=y_1,\ Ax_2=y_2,\quad \mu_1\geqslant h(x_1),\ \mu_2\geqslant h(x_2).$$

现只需证明

$$(1-\alpha)(y_1,\mu_1)+\alpha(y_2,\mu_2)=((1-\alpha)y_1+\alpha y_2,(1-\alpha)\mu_1+\alpha\mu_2)\in F.$$

注意到

$$(1-\alpha)y_1+\alpha y_2=(1-\alpha)Ax_1+\alpha Ax_2=A((1-\alpha)x_1+\alpha x_2),$$

及

$$(1-\alpha)\mu_1+\alpha\mu_2\geqslant(1-\alpha)h(x_1)+\alpha h(x_2)\geqslant h((1-\alpha)x_1+\alpha x_2)).$$

所以 $(1-\alpha)(y_1,\mu_1)+\alpha(y_2,\mu_2)\in F$, 得到 F 的凸性. 证毕. □

注 5.7 (1) 定理 5.7 中的函数 Ah 叫作在 A 中的 h 的象, 而 gA 叫作在 A 中 g 的逆象.

(2) 若 A 可逆, 则有 $Ah=hA^{-1}$. 原因在于

$$\begin{aligned}(Ah)y&=\inf\{h(x)\mid Ax=y\}\\&=\inf\{h(A^{-1}x)\mid x=A^{-1}y\}\\&=(hA^{-1})(y).\end{aligned}$$

例子 5.16 运算 $h\to Ah$ 的一个重要的例子如下. 当 A 是投影变换时, 即

$$A:x=(\xi_1,\cdots,\xi_m,\xi_m+1,\cdots,\xi_n)\to(\xi_1,\cdots,\xi_m),$$

有

$$(Ah)(\xi_1,\cdots,\xi_m)=\inf_{\xi_{m+1},\cdots,\xi_n}h(\xi_1,\cdots,\xi_m,\xi_{m+1},\cdots,\xi_n).$$

当 h 是凸函数时, 根据定理 5.7, 在 $y=(\xi_1,\cdots,\xi_m)$ 上, Ah 是凸函数.

5.6 部分加法

上图的部分加法可以定义 $\mathbb{R}^n$ 上的所有凸函数集的无限多次的二元交换和结合运算. 一个例子是下面的部分下卷积.

例子 5.17 以两个凸函数 f,g 为例, 对 $\mathrm{epi}f$ 和 $\mathrm{epi}g$ 进行部分加法得到新的凸集:

$$F=\{(y,z_1+z_2,\mu_1+\mu_2)\mid(y,z_1,\mu_1)\in\mathrm{epi}f,\ (y,z_2,\mu_2)\in\mathrm{epi}g\}.$$

这里 $y\in\mathbb{R}^m, z_1,z_2\in\mathbb{R}^p,\ m+p=n$. 对 F 进行如定理 5.3 中的运算得

到 h 如下:

$$
\begin{aligned}
h(y,z) &= \inf\{\mu_1+\mu_2 \mid \exists z_1,z_2,\ z_1+z_2=z,\ \mu_1\geqslant f(y,z_1),\ \mu_2\geqslant g(y,z_2)\}\\
&= \inf\{f(y,z_1)+g(y,z_2) \mid z=z_1+z_2\}\\
&= \inf_u\{f(y,z-u)+g(y,u)\}.
\end{aligned}
$$

在凸集的情形下, 有四种二元交换、结合运算的自然运算, 但是当集合是包含原点的锥时, 退化为两种运算. 这些运算从如下形式的凸锥的部分加法得到,

$$K=\{(\lambda,x)\mid \lambda\geqslant 0,\ x\in\lambda C\}\subset \mathbb{R}^{n+1}.$$

其中, K 对应于 $\mathbb{R}^n$ 上的凸集 C. 在定理 3.1 中可以看到有关于此的结论.

如果 $f\neq+\infty$, 则

$$K=\{(\lambda,x,\mu)\mid \lambda\geqslant 0,\ x\in\mathbb{R}^n,\ \mu\geqslant (f\lambda)(x)\}\subset\mathbb{R}^{n+2}.$$

如果 $f=+\infty$, 则 K 是非负的 μ 轴.

上升到 $\mathbb{R}^{n+2}$ 上的集合相加时, 通过对 λ,x 和 μ 的组合, 有八种部分加法. 接下来我们将展示如何从两个 $\mathbb{R}^n$ 上的凸函数出发, 构造 $\mathbb{R}^{n+2}$ 上的集合, 并通过某一种部分加法来得到新的 $\mathbb{R}^n$ 上的凸函数. 我们可以将这样的过程看作是由 $(f_1,f_2)\to f$ 的一种二元运算, 并且是可结合的和可交换的. 显然八种不同的部分加法可以分别对应八种不同的运算.

例子 5.18 仍以两个 $\mathbb{R}^n$ 上的凸函数为例, 分别记为 f_1,f_2. 令

$$h_1(\lambda_1,x_1)=f_1(x_1)+\delta(\lambda_1\mid 1)=\begin{cases} f_1(x_1), & \lambda_1=1,\\ +\infty, & \lambda_1\neq 1.\end{cases}$$

另外有 g_1 是由 h_1 生成的正齐次凸函数, 如定理 5.5 之前的推导:

$$g_1(\lambda_1, x_1) = \begin{cases} (f_1\lambda_1)(x_1), & \lambda_1 \geqslant 0, \\ +\infty, & \lambda_1 < 0. \end{cases}$$

那么

$$\begin{aligned} K_1 &= \mathrm{epi} g_1 \\ &= \{(\lambda_1, x_1, \mu_1) \mid \mu_1 \geqslant g_1(\lambda_1, x_1)\} \\ &= \{(\lambda_1, x_1, \mu_1) \mid \mu_1 \geqslant (f_1\lambda_1)(x_1),\ \lambda \geqslant 0\}. \end{aligned}$$

可知 K_1 是 $\mathbb{R}^{n+2}$ 上的凸锥. 同理可得 K_2. 将部分加法作用在 K_1, K_2 上得到 K, 再利用投影得到 $\mathbb{R}^{n+1}$ 上的凸锥 $F = \{(x, \mu) \mid (1, x, \mu) \in K\}$, 最后利用定理 5.3 作用在 F 上即可得到一个新的 $\mathbb{R}^n$ 上的凸函数 f, 完成上述我们所说的 $(f_1, f_2) \to f$ 的新运算. 下面将具体推导几种部分加法所定义的运算的表达式.

(1) 只对 μ 作部分加法. 此时有

$$\begin{aligned} K &= \{(1, x, \mu_1 + \mu_2) \mid (1, x, \mu_1) \in K_1, (1, x, \mu_2) \in K_2\} \\ &= \{(1, x, \mu_1 + \mu_2) \mid \mu_1 \geqslant f_1(x), \mu_2 \geqslant f_2(x)\}. \end{aligned}$$

对 K 投影得到

$$F = \{(x, \mu_1 + \mu_2) \mid \mu_1 \geqslant f_1(x),\ \mu_2 \geqslant f_2(x)\}.$$

利用定理 5.3 得到函数 f 如下:

$$\begin{aligned} f(x) &= \inf\{\mu \mid (x, \mu) \in F\} \\ &= \inf\{\mu_1 + \mu_2 \mid \mu_1 \geqslant f_1(x),\ \mu_2 \geqslant f_2(x)\} \\ &= f_1(x) + f_2(x). \end{aligned}$$

(2) 只对 x 作部分加法. 此时有

$$
\begin{aligned}
K &= \{(1,x,\mu) \mid (1,x_1,\mu)\in K_1,\ (1,x_2,\mu)\in K_2,\ x_1+x_2=x\} \\
&= \{(1,x_1+x_2,\mu) \mid \mu\geqslant f_1(x_1),\ \mu\geqslant f_2(x_2),\ x_1+x_2=x\},
\end{aligned}
$$

及

$$
F=\{(x_1+x_2,\mu) \mid \mu\geqslant f_1(x_1),\ \mu\geqslant f_2(x_2)\}.
$$

故有

$$
\begin{aligned}
f(x) &= \inf\{\mu \mid \mu\geqslant f_1(x_1),\ \mu\geqslant f_2(x_2),\ x_1+x_2=x\} \\
&= \inf\{\max\{f_1(x_1),f_2(x_2)\} \mid x_1+x_2=x\}.
\end{aligned}
$$

(3) 对 λ,μ 作部分加法. 此时有

$$
\begin{aligned}
K &= \{(\lambda_1+\lambda_2,x,\mu_1+\mu_2) \mid (\lambda_1,x,\mu_1)\in K_1, \\
&\quad (\lambda_2,x,\mu_2)\in K_2,\ \lambda_1\geqslant 0,\ \lambda_2\geqslant 0\} \\
&= \{(\lambda_1+\lambda_2,x,\mu_1+\mu_2) \mid \mu_1\geqslant (f_1\lambda_1)(x), \\
&\quad \mu_2\geqslant (f_2\lambda_2)(x),\ \lambda_1\geqslant 0,\ \lambda_2\geqslant 0\}
\end{aligned}
$$

和

$$
\begin{aligned}
F &= \{(x,\mu_1+\mu_2) \mid (1,x,\mu_1+\mu_2)\in K\} \\
&= \{(x,\mu_1+\mu_2) \mid (\lambda_1+\lambda_2,x,\mu_1+\mu_2)\in K, \\
&\quad \lambda_1\geqslant 0,\ \lambda_2\geqslant 0,\ \lambda_1+\lambda_2=1\} \\
&= \{(x,\mu_1+\mu_2) \mid \mu_1\geqslant f_1\lambda_1(x),\ \mu_2\geqslant f_2\lambda_2(x), \\
&\quad \lambda_1\geqslant 0,\ \lambda_2\geqslant 0,\ \lambda_1+\lambda_2=1\}.
\end{aligned} \tag{5.3}
$$

因此有

$$
f(x)=\inf\{\mu_1+\mu_2 \mid \mu_1\geqslant (f_1\lambda_1)(x),\ \mu_2\geqslant (f_2\lambda_2)(x),
$$

$$\lambda_1 \geqslant 0,\ \lambda_2 \geqslant 0,\ \lambda_1+\lambda_2=1\}$$
$$=\inf\{(f_1\lambda_1)(x)+(f_2\lambda_2)(x) \mid \lambda_1 \geqslant 0,\ \lambda_2 \geqslant 0,\ \lambda_1+\lambda_2=1\}.$$

(4) 只对 λ 作部分加法. 此时有

$$\begin{aligned}K &= \{(\lambda_1+\lambda_2, x, \mu) \mid (\lambda_1, x, \mu) \in K_1,\ (\lambda_2, x, \mu) \in K_2\} \\ &= \{(\lambda_1+\lambda_2, x, \mu) \mid \mu \geqslant (f_1\lambda_1)(x),\ \mu \geqslant (f_2\lambda_2)(x),\ \lambda_1 \geqslant 0,\ \lambda_2 \geqslant 0\}\end{aligned}$$

和

$$\begin{aligned}F &= \{(x,\mu) \mid (1,x,\mu) \in K\} \\ &= \{(x,\mu) \mid \mu \geqslant f_1\lambda_1(x),\ \mu \geqslant f_2\lambda_2(x),\ \lambda_1 \geqslant 0,\ \lambda_2 \geqslant 0,\ \lambda_1+\lambda_2=1\}.\end{aligned} \tag{5.4}$$

此时有

$$\begin{aligned}f(x) &= \inf\{\mu \mid \mu \geqslant (f_1\lambda_1)(x),\ \mu \geqslant (f_2\lambda_2)(x), \\ &\qquad \lambda_1 \geqslant 0,\ \lambda_2 \geqslant 0,\ \lambda_1+\lambda_2=1\} \\ &= \inf\{\max\{(f_1\lambda_1)(x), (f_2\lambda_2)(x)\} \mid \lambda_1 \geqslant 0,\ \lambda_2 \geqslant 0,\ \lambda_1+\lambda_2=1\}.\end{aligned}$$

(5) 对 λ, x 作部分加法. 此时有

$$\begin{aligned}K =&\{(\lambda_1+\lambda_2, x_1+x_2, \mu) \mid \mu \geqslant (f_1\lambda_1)(x_1), \\ &\mu \geqslant (f_2\lambda_2)(x_2),\ \lambda_1 \geqslant 0,\ \lambda_2 \geqslant 0\}\end{aligned}$$

和

$$\begin{aligned}F =&\{(x_1+x_2, \mu) \mid \lambda_1+\lambda_2=1,\ \mu \geqslant (f_1\lambda_1)(x_1), \\ &\mu \geqslant (f_2\lambda_2)(x_2),\ \lambda_1 \geqslant 0,\ \lambda_2 \geqslant 0\}.\end{aligned}$$

对应的 f 为

$$f(x)=\inf\{\mu \mid \mu \geqslant (f_1\lambda_1)(x_1),\ \mu \geqslant (f_2\lambda_2)(x_2),$$
$$\lambda_1 \geqslant 0,\ \lambda_2 \geqslant 0,\ \lambda_1+\lambda_2=1,\ x=x_1+x_2\}$$
$$=\inf\{\max\{\lambda_1 f_1(\lambda_1^{-1}x_1), \lambda_2 f_2(\lambda_2^{-1}x_2)\} \mid \lambda_1 \geqslant 0,\ \lambda_2 \geqslant 0,$$
$$\lambda_1+\lambda_2=1,\ x=x_1+x_2\}.$$

若取 $y_1=\lambda_1^{-1}x_1,\ y_2=\lambda_2^{-1}x_2$, 则 $x=\lambda_1 y_1+\lambda_2 y_2$. 所以

$$f(x)=\inf\{\max\{\lambda_1 f_1(y_1), \lambda_2 f_2(y_2)\} \mid \lambda_1 \geqslant 0,\ \lambda_2 \geqslant 0,$$
$$\lambda_1+\lambda_2=1,\ x=\lambda_1 y_1+\lambda_2 y_2\}$$
$$=\inf\{\max\{\lambda_1 f_1(x_1), \lambda_2 f_2(x_2)\} \mid \lambda_1 \geqslant 0,\ \lambda_2 \geqslant 0,$$
$$\lambda_1+\lambda_2=1,\ x=\lambda_1 x_1+\lambda_2 x_2\}.$$

定理 5.8 令 $f_1, \cdots, f_m$ 是 $\mathbb{R}^n$ 上的正常凸函数. 则

$$f(x)=\inf\{\max\{f_1(x_1), \cdots, f_m(x_m)\} \mid x_1+\cdots+x_m=x\},$$

$$g(x)=\inf\{(f_1\lambda_1)(x)+\cdots+(f_m\lambda_m)(x) \mid \lambda_i \geqslant 0,\ \lambda_1+\cdots+\lambda_m=1\},$$

$$h(x)=\inf\{\max\{(f_1\lambda_1)(x), \cdots, (f_m\lambda_m)(x)\} \mid \lambda_i \geqslant 0,\ \lambda_1+\cdots+\lambda_m=1\},$$

$$k(x)=\inf\{\max\{\lambda_1 f_1(x_1), \cdots, \lambda_m f_m(x_m)\}\}.$$

其中, 最后一个下确界是在所有表示 x 的凸组合 $x=\lambda_1 x_1+\cdots+\lambda_m x_m$ 上取.

证明 联系例子 5.18, 将两个函数的情况推广到多个. 仅对 x 相加得到 f, 仅对 λ 和 μ 相加得到 g, 仅对 λ 相加得到 h, 对 λ 和 x 相加得到 k. □

练　习　题

练习 5.1[5]　设 S 为非空集合 (不一定是凸集). 定义

$$\mathbb{R}^n \ni x \to \phi_S(x) := \frac{1}{2}(\|x\|^2 - d_S^2(x)),$$

其中 d_S 是到 S 的欧式距离函数. 证明 ϕ 是凸函数.

(提示: 将 ϕ 写为点点上界函数形式.)

练习 5.2 [1, 引理 2.3]　令 λ 是一个非零的 n 维非负向量, 假设它的分量大小关系是非增的, 即

$$\lambda_1 \geqslant \lambda_2 \geqslant \cdots \geqslant \lambda_n \geqslant 0,$$

定义向量的带序 l_1 范数 (sorted l_1 norm) $J_\lambda(\cdot)$: 对任意 $x \in \mathbb{R}^n$,

$$J_\lambda(x) = \lambda_1|x|_1 + \lambda_2|x|_2 + \cdots + \lambda_n|x|_n.$$

证明这样定义的带序 l_1 范数是范数.

练习 5.3 [6, 习题 2.8]　设 f 是 $\mathbb{R}^n$ 上的凸函数. 证明 f 的全局极小值点构成的集合是凸集.

第 6 章　凸集的相对内部

6.1　闭包和相对内部

$\mathbb{R}^n$ 中两点 x 和 y 间的欧氏距离定义为

$$d(x,y) = \|x-y\| = \langle x-y, x-y\rangle^{\frac{1}{2}},$$

函数 d, 也就是欧氏度量, 是 $\mathbb{R}^{2n}$ 上的凸函数 (这是因为 d 是线性变换 $f:(x,y)\to x-y$ 和欧氏范数 $f(z)=\|z\|$ 的复合).

凸函数是开凸集和闭凸集的一个重要来源. $\mathbb{R}^n$ 上任意连续实值函数 f 都会产生一族开水平集 $\{x \mid f(x)<\alpha\}$ 和闭水平集 $\{x \mid f(x)\leqslant\alpha\}$. 而且当 f 是凸时, 这些水平集也是凸的 (定理 4.6). 从优化角度理解水平集: 给定初始点 $f(0)$, 第 k 步迭代产生的 $f(x_k)$ 会比第 $k-1$ 步迭代产生的 $f(x_{k-1})$ 小, 这是因为优化算法一般是下降算法, x_k 和 x_{k-1} 都在水平集中.

在本书中, 设 B 是 $\mathbb{R}^n$ 中的欧氏单位球:

$$B = \{x \mid \|x\|\leqslant 1\} = \{x \mid d(x,0)\leqslant 1\},$$

这是闭凸集.

对任意的 $a\in\mathbb{R}^n$, 半径为 $\epsilon>0$, 中心为 a 的球表示成

$$\{x \mid d(x,a)\leqslant\epsilon\} = \{a+y \mid \|y\|\leqslant\epsilon\} = a+\epsilon B.$$

对 $\mathbb{R}^n$ 中的任意集合 C, 到 C 的距离不超过 ϵ 的点的集合是

$$\{x \mid \exists y\in C,\ d(x,y)\leqslant\epsilon\} = \bigcup\{y+\epsilon B \mid y\in C\} = C+\epsilon B.$$

例子 6.1 假设集合 $C = \{(x, y) \mid 1 \leqslant x \leqslant 2,\ y = 1\}$. 取 $\epsilon_1 = 1$, 则 $C + \epsilon_1 B$ 如图 6.1 所示.

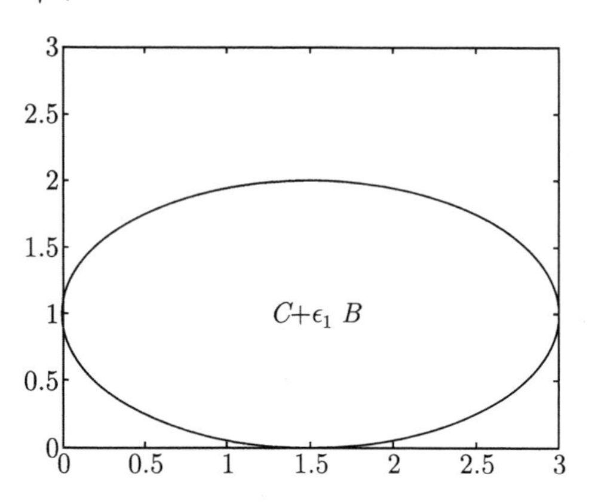

图 6.1 例子 6.1 示意图 $C + \epsilon_1 B$

取 $\epsilon_2 = \dfrac{1}{2}$, 则 $C + \epsilon_2 B$ 如图 6.2 所示.

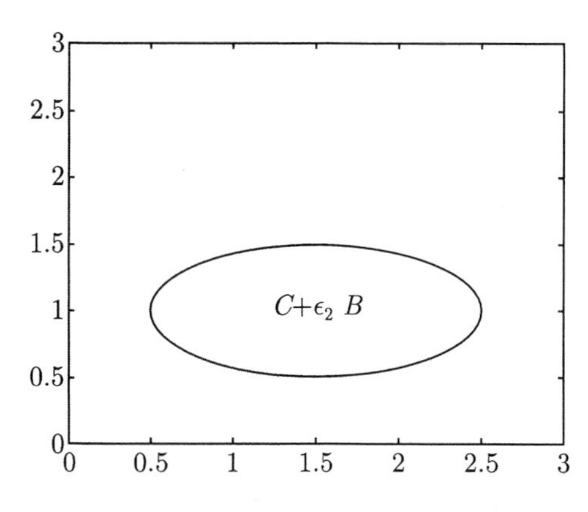

图 6.2 例子 6.1 示意图 $C + \epsilon_2 B$

C 的闭包 cl$C$ 和内部 int$C$ 可以表示成

$$\text{cl}C = \bigcap\{C + \epsilon B \mid \epsilon > 0\},$$

$$\text{int}C = \{x \mid \exists \epsilon > 0,\ x + \epsilon B \subset C\}.$$

例子 6.2 令集合 $C = \left\{(x, y) \;\middle|\; \dfrac{x^2}{4} + \dfrac{y^2}{9} \leqslant 1\right\}$, 则

$$\mathrm{cl}C = \left\{(x,y) \mid \frac{x^2}{4} + \frac{y^2}{9} \leqslant 1\right\},$$

及

$$\mathrm{int}C = \left\{(x,y) \mid \frac{x^2}{4} + \frac{y^2}{9} < 1\right\}.$$

如图 6.3 所示.

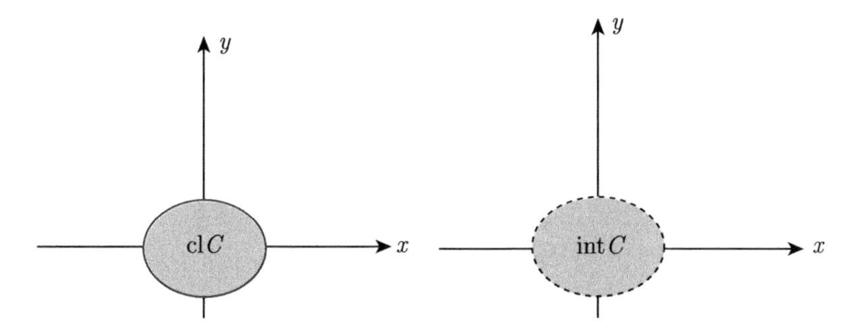

图 6.3 clC (左) 和 intC (右)

在凸集的情形下, 内部的概念可以延伸到一个更加方便的概念: 相对内部. 这个概念来源一个事实: 当 $C \neq \varnothing$ 时, int$C$ 不一定非空. 例如 $\mathbb{R}^3$ 中的一条线段或者三角形, 有一个自然内部, 然而对于整个度量空间 $\mathbb{R}^3$ 而言, 是没有真正的内部的.

例子 6.3 求 $\mathbb{R}^3$ 中的线段 $C = \{(x,2,0) \mid x \in [1,2]\}$ 的内部. 线段 C 如图 6.4 所示.

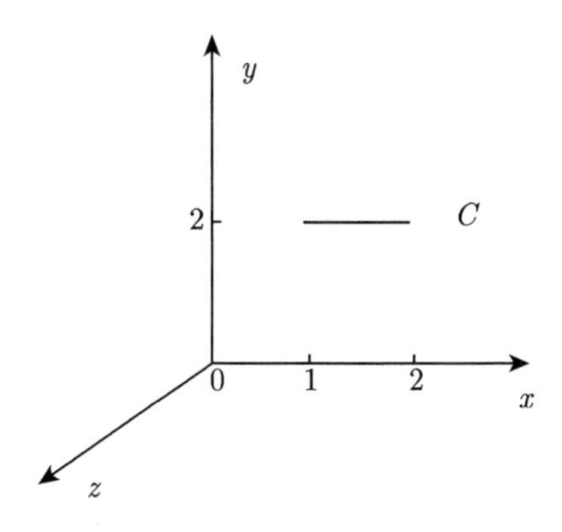

图 6.4 例子 6.3 示意图

注意到 $\epsilon B = \{\epsilon(x', y', z') \mid x'^2 + y'^2 + z'^2 \leqslant 1)\}$. 由 $\mathrm{int}C$ 的定义, 若存在 $\epsilon > 0$, 使得

$$\begin{aligned}&\{(x+\epsilon x', 2+\epsilon y', \epsilon z') \mid x \in [1,2],\ x'^2+y'^2+z'^2 \leqslant 1\} \subset C\\ &= \{(x,2,0) \mid x \in [1,2]\}\end{aligned}$$

成立, 则 ϵ 只能为 0 与条件 $\epsilon > 0$ 矛盾! 所以 C 无内部. 即 $\mathrm{int}C = \varnothing$.

定义 6.1　$\mathbb{R}^n$ 中凸集 C 的相对内部, 记为 $\mathrm{ri}C$, 定义为

$$\mathrm{ri}C = \{x \in \mathrm{aff}C \mid \exists \epsilon > 0,\ (x+\epsilon B)\bigcap(\mathrm{aff}C) \subset C\}.$$

例子 6.4　求 $\mathbb{R}^3$ 中的线段 $C = \{(x,2,0) \mid x \in [1,2]\}$ 的相对内部 $\mathrm{ri}C$.

注意到

$$\epsilon B = \{\epsilon(x', y', z') \mid x'^2 + y'^2 + z'^2 \leqslant 1)\}$$

和

$$\mathrm{aff}C = \{(x,2,0) \mid x \in \mathbb{R}\}.$$

若存在 $\epsilon > 0$, 使得

$$\begin{aligned}&\{(x+\epsilon x', 2+\epsilon y', \epsilon z') \mid x \in [1,2],\ x'^2+y'^2+z'^2 \leqslant 1\}\\ &\bigcap\{(x,2,0) \mid x \in \mathbb{R}\}\\ =&\{(x+\epsilon x', 2, 0) \mid x \in [1,2],\ x'^2 \leqslant 1\}\end{aligned}$$

是 C 的子集, 则 $x \in (1,2)$. 所以有

$$\mathrm{ri}C = \{(x,2,0) \mid x \in (1,2)\}.$$

如图 6.5 所示.

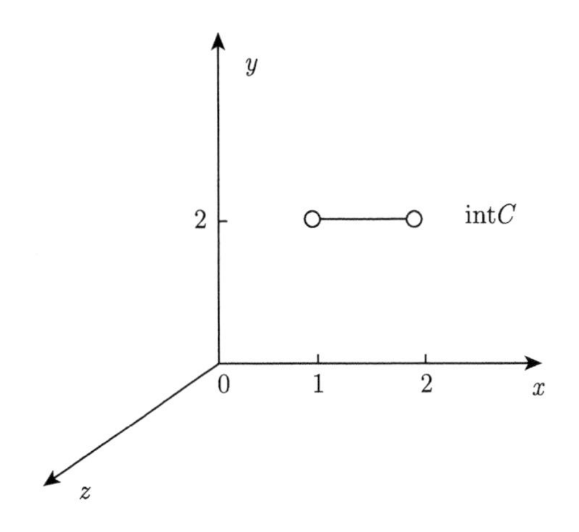

图 6.5 例子 6.4 示意图

显然, $\text{ri}C \subset C \subset \text{cl}C$.

定义 6.2 差集 $(\text{cl}C)\backslash(\text{ri}C)$ 称为 C 的相对边界. 如果 $\text{ri}C = C$, 则称 C 为相对开的.

对于一个 n 维凸集, $\text{aff}C = \mathbb{R}^n$, 则 $\text{ri}C = \text{int}C$.

例子 6.5 在 $\mathbb{R}^2$ 中, 集合 $C = \{(x, y) \mid x^2 + y^2 \leqslant 1\}$, 可得 $\text{aff}C = \mathbb{R}^2$. 见图 6.6 所示.

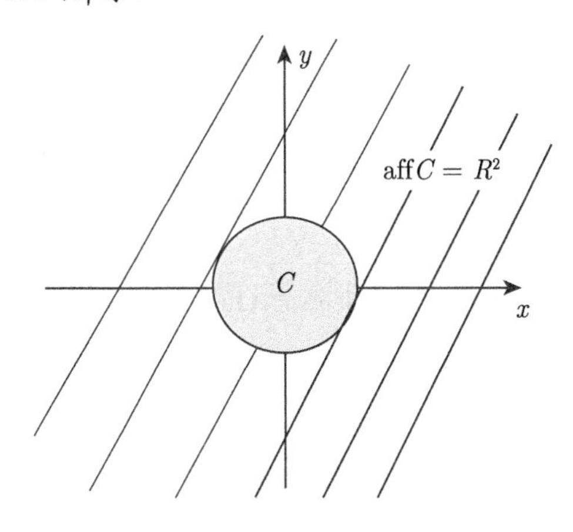

图 6.6 例子 6.5 示意图

注 6.1 当 $C_1 \supset C_2$ 时, 有 $\text{cl}C_1 \supset \text{cl}C_2$, $\text{int}C_1 \supset \text{int}C_2$, 但 $\text{ri}C_1 \supset$

$\mathrm{ri}C_2$ 不成立. 举例如下.

例子 6.6　C_1 是 $\mathbb{R}^3$ 中的立方体, C_2 是 C_1 的一个面, 但 $\mathrm{ri}C_1$ 与 $\mathrm{ri}C_2$ 非空且不相交. 也就是说, $C_2 \subset C_1$, 但 $\mathrm{ri}C_2 \subset \mathrm{ri}C_1$ 不成立. $\mathrm{ri}C_2$ 和 $\mathrm{ri}C_1$ 如图 6.7 所示.

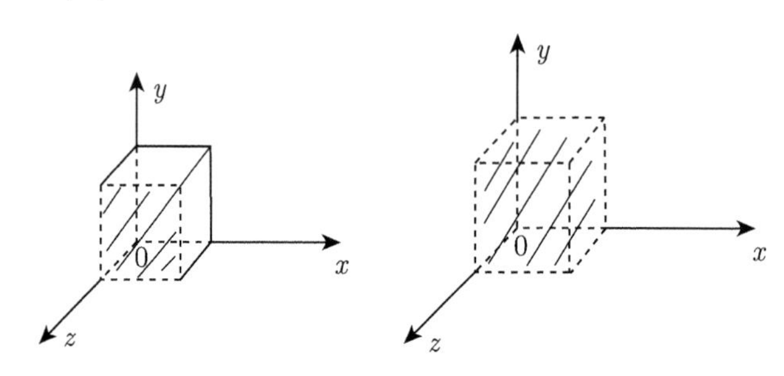

图 6.7　$\mathrm{ri}C_2$ (左) 和 $\mathrm{ri}C_1$ (右)

通过定义知, 仿射集既是相对开的, 也是闭的.

从 $\mathbb{R}^n$ 到 $\mathbb{R}^n$ 上的一对一的仿射变换保持闭包和相对内部运算. 即, 设 $T:\mathbb{R}^n \to \mathbb{R}^n$, $Tx = Ax + b$. 其中 A 在 $\mathbb{R}^{n\times n}$ 上非奇异, 这保证了 T 是一对一的变换. 则有

$$\mathrm{ri}(TC) = T\mathrm{ri}C, \quad \mathrm{cl}(TC) = T(\mathrm{cl}C).$$

这种变换也是保持仿射包的, 即

$$\mathrm{aff}(TC) = T(\mathrm{aff}C).$$

证明　因为闭包和相对内部运算在平移下是保持的. 故有

$$\mathrm{ri}(TC) = \mathrm{ri}(AC) + b, \quad T(\mathrm{ri}C) = A(\mathrm{ric}) + b.$$

所以要证 $\mathrm{ri}(TC) = T\mathrm{ri}C$, 只需证明 $\mathrm{ri}(AC) = A(\mathrm{ri}C)$. 而

$$\begin{aligned}
A(\mathrm{ri}C) &= A\{x \in \mathrm{aff}C \mid \exists\epsilon > 0,\ (x + \epsilon B)\bigcap(\mathrm{aff}C) \subset C\} \\
&= \{Ax \in A(\mathrm{aff}C) \mid \exists\epsilon > 0,\ (Ax + \epsilon AB)\bigcap A(\mathrm{aff}C) \subset AC\}
\end{aligned}$$

$$=\{Ax\in \text{aff}(AC)\mid \exists\epsilon>0,\ (Ax+\epsilon AB)\bigcap \text{aff}(AC)\subset AC\}.$$

令 $y=Ax$, $\epsilon'=\epsilon\|A\|$. 其中 $\|A\|$ 为矩阵 A 的范数. 则 $\overline{B}=\dfrac{A}{\|A\|}B$ 为 $\mathbb{R}^n$ 中的单位球, $\|\overline{B}\|=1$. 故有

$$\begin{aligned}A(\text{ri}C)&=\left\{y\in \text{aff}(AC)\mid \exists\epsilon>0,\ (y+\epsilon'\frac{A}{\|A\|}B)\bigcap \text{aff}(AC)\subset AC\right\}\\&=\text{ri}(AC).\end{aligned}$$

所以 $\text{ri}(AC)=A\text{ri}C$.

同样, 要证明 $\text{cl}(TC)=T(\text{cl}C)$, 只需要证明 $\text{cl}(AC)=A(\text{cl}C)$. 而

$$A\text{cl}C=A\left(\bigcap\{C+\epsilon B\mid \epsilon>0\}\right)=\bigcap\{AC+\epsilon AB\mid \epsilon>0\}.$$

取 $\epsilon'=\epsilon\|A\|$. 则

$$A\text{cl}C=\bigcap\left\{AC+\epsilon'\frac{A}{\|A\|}B\mid \epsilon'>0\right\}=\text{cl}(AC).$$

所以 $\text{cl}(AC)=A(\text{cl}C)$.

综上所述, 有 $\text{ri}(TC)=T\text{ri}C$, $\text{cl}(TC)=T(\text{cl}C)$. □

可把它作为简化证明的一个策略.

例子 6.7 设 C 是 $\mathbb{R}^n$ 中的 m 维凸集, 由推论 1.2, 存在一个一对一的仿射变换 $T:\mathbb{R}^n\to\mathbb{R}^n$, 其中 $\text{aff}C$ 映射到子空间

$$L=\{x=(\xi_1,\cdots,\xi_m,\xi_{m+1},\cdots,\xi_n)\mid \xi_{m+1}=0,\cdots,\xi_n=0\}.$$

也就是说, 变换前 C 的仿射集复杂, 经过变换后, $\text{aff}(TC)=L$ 的 $m+1$ 到 n 维的为 0, 变简单了.

6.2 闭包和相对内部的基本性质

下面将介绍凸集的闭包和相对内部的基本性质.

定理 6.1　令 C 是 $\mathbb{R}^n$ 中的凸集, $x \in \mathrm{ri}C$, $y \in \mathrm{cl}C$, 则 $(1-\lambda)x+\lambda y \in \mathrm{ri}C$, $0 \leqslant \lambda < 1$.

证明　不妨设 $\dim C = n$, 故 $\mathrm{ri}C = \mathrm{int}C$ (若 $\dim C \neq n$, 则可通过上面介绍的变换将 $\dim C$ 变成全维数的). 设 $0 \leqslant \lambda < 1$, 只要证明对于某个 $\epsilon > 0$, 有

$$(1-\lambda)x + \lambda y + \epsilon B \subset C$$

即可.

因为 $y \in \mathrm{cl}C$, 所以对于任意的 $\epsilon > 0$, $y \in C + \epsilon B$. 于是对于每一个 $\epsilon > 0$, 有

$$\begin{aligned}(1-\lambda)x + \lambda y + \epsilon B &\subset (1-\lambda)x + \lambda(C+\epsilon B) + \epsilon B\\ &= (1-\lambda)x + \lambda C + \epsilon(1+\lambda)B\\ &= (1-\lambda)(x + \epsilon(1+\lambda)(1-\lambda)^{-1}B) + \lambda C.\end{aligned}$$

令 $\epsilon' = \dfrac{(1+\lambda)\epsilon}{1-\lambda}$. 因为 $x \in \mathrm{int}C$, 所以存在 $\epsilon' > 0$, 使得

$$x + \epsilon' B \subset C$$

所以

$$(1-\lambda)x + \lambda y + \epsilon B \subset (1-\lambda)C + \lambda C = C.$$

即 $(1-\lambda)x + \lambda y \in \mathrm{ri}C$.

例子 6.8　定理 6.1 说明了当 $x \in \mathrm{ri}C$, $y \in \mathrm{cl}C$ 时, 除去点 y, x 和 y 之间的线段包含在 $\mathrm{ri}C$ 中. 令 $C = \{(x,y) \mid x^2+y^2 \leqslant 1\}$, 则

$$\mathrm{cl}C = \{(x,y) \mid x^2+y^2 \leqslant 1\}, \quad \mathrm{ri}C = \{(x,y) \mid x^2+y^2 < 1\}.$$

如图 6.8 所示. 当 $y \in \mathrm{cl}C \backslash \mathrm{ri}C$ 时, 除去点 y, x 和 y 之间的线段包含在 $\mathrm{ri}C$ 中.

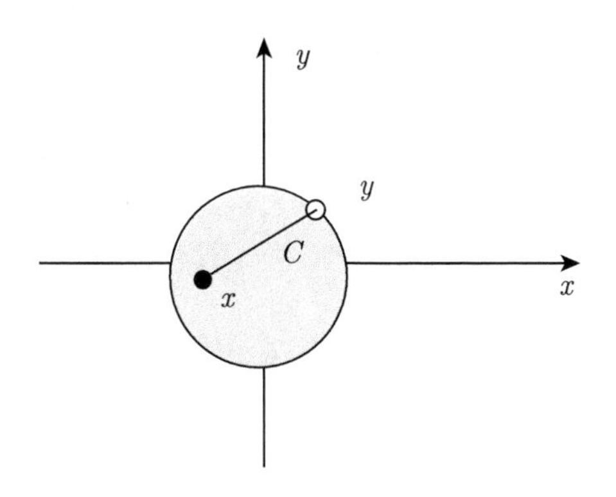

图 6.8 例子 6.8 示意图

下面两个定理描述了 $\mathbb{R}^n$ 中所有凸集族的 "cl" 和 "ri" 运算的重要性质.

定理 6.2 令 C 是 $\mathbb{R}^n$ 中的任一凸集, 则 $\mathrm{cl}C$ 和 $\mathrm{ri}C$ 是凸集, 且 $\mathrm{aff}C = \mathrm{aff}(\mathrm{ri}C) = \mathrm{aff}(\mathrm{cl}C)$, 从而 $\mathrm{dim}C = \mathrm{dim}(\mathrm{aff}(\mathrm{ri}C)) = \mathrm{dim}(\mathrm{aff}(\mathrm{cl}C))$.

证明 对任意 $\epsilon > 0$, $C + \epsilon B$ 都是凸的. 因为对任意的 $\epsilon > 0$, $\bigcap\{C + \epsilon B \mid \epsilon > 0\}$ 是凸集的交, 所以 $\mathrm{cl}C$ 是凸的. 令 $x_1 \in \mathrm{ri}C$, $x_2 \in \mathrm{ri}C \subset \mathrm{cl}C$, 由定理 6.1 有

$$(1-\lambda)x + \lambda y \in \mathrm{ri}C, \quad 0 \leqslant \lambda < 1.$$

所以 $\mathrm{ri}C$ 是凸的. 因为 $C \subset \mathrm{cl}C$, 所以 $\mathrm{aff}C \subset \mathrm{aff}(\mathrm{cl}C)$. 因为 $\mathrm{cl}C \subset \mathrm{cl}(\mathrm{aff}C) = \mathrm{aff}C$, 所以 $\mathrm{aff}(\mathrm{cl}C) \subset \mathrm{aff}C$. 即 $\mathrm{aff}C = \mathrm{aff}(\mathrm{cl}C)$.

上面已经证明了 $\mathrm{aff}C = \mathrm{aff}(\mathrm{cl}C)$, 将 C 用 $\mathrm{ri}C$ 代替, 有

$$\mathrm{aff}(\mathrm{ri}C) = \mathrm{aff}(\mathrm{cl}(\mathrm{ri}C)) = \mathrm{aff}(\mathrm{cl}C) = \mathrm{aff}C.$$

因为

$$\mathrm{aff}C = \mathrm{aff}(\mathrm{ri}C) = \mathrm{aff}(\mathrm{cl}C),$$

所以

$$\dim(\mathrm{aff}(\mathrm{cl}C)) = \dim(\mathrm{aff}(\mathrm{ri}C)) = \dim(\mathrm{aff}C).$$

又因为

$$\dim(\mathrm{aff}(\mathrm{cl}C)) = \dim(\mathrm{cl}C), \quad \dim(\mathrm{aff}(\mathrm{ri}C)) = \dim(\mathrm{ri}C)$$

和 $\dim(\mathrm{aff}C) = \dim C$, 所以有

$$\dim(\mathrm{cl}C) = \dim(\mathrm{ri}C) = \dim C.$$

下面来证明当 $C \neq \varnothing$ 时, $\mathrm{ri}C \neq \varnothing$.

由定理 2.4 可知, 凸集 C 的维数和包含在 C 中所有单纯形中维数最大的那一个相同. 设 $\dim C = n$, 则凸集 C 包含一个 n 维单纯形 S. 我们要证明 $C \neq \varnothing$ 时, 单纯形 S 内部非空即可 (因 $\mathrm{int}S \subset \mathrm{int}C = \mathrm{ri}C$).

设 $\dim C = r$, 则在 C 中存在 $r+1$ 个仿射无关的向量 $x_0, x_1, \cdots, x_r$. 令 $S = \mathrm{conv}\{x_0, x_1, \cdots, x_r\}$, 则 S 是 r 维单纯形, $S \subset C$. S 具有相对于 $\mathrm{aff}C$ 的非空相对内部. 又因为 $\mathrm{aff}S \subset \mathrm{aff}C$, 且 $\dim(\mathrm{aff}S) = r = \dim(\mathrm{aff}C)$, 所以 $\mathrm{aff}S = \mathrm{aff}C$. 这表示 S 具有相对于 $\mathrm{aff}C$ 的非空相对内部.

因为 $S \subset C$, 所以 C 具有相对于 $\mathrm{aff}C$ 的非空相对内部, 即 $\mathrm{ri}C \neq \varnothing$ (其实直接从 $S \subset C$, $\mathrm{aff}S = \mathrm{aff}C$ 中, 知 $\mathrm{ri}S \subset \mathrm{ri}C$). □

对于 $\mathbb{R}^n$ 中的任一集合 C, 有

$$\mathrm{cl}(\mathrm{cl}C) = \mathrm{cl}C, \quad \mathrm{ri}(\mathrm{ri}C) = \mathrm{ri}C$$

总是成立的. 如果 C 是凸集, 则还有下述结果.

定理 6.3　设 C 是 $\mathbb{R}^n$ 中任一凸集, 则

(1) $\mathrm{cl}(\mathrm{ri}C) = \mathrm{cl}C$;

(2) $\mathrm{ri}(\mathrm{cl}C) = \mathrm{ri}C$.

证明 (1) 如果 $C = \varnothing$, 结论显然成立, 故设 $C \neq \varnothing$. 因为 $\mathrm{ri}C \subset C$, 所以 $\mathrm{cl}(\mathrm{ri}C) \subset \mathrm{cl}C$. 设 $x_0 \in \mathrm{cl}C$, $x_k \in \mathrm{ri}C \subset C$. 且当 $k \to \infty$ 时, 有 $\lambda_k \to 0$, $x_k \to x_0$. 若 $y \in \mathrm{ri}C$, 由定理 6.1 知

$$(1-\lambda_k)x_k + \lambda_k y \in \mathrm{ri}C,$$

但

$$\lim_{k\to\infty}(1-\lambda_k)x_k + \lambda_k y = x_0.$$

所以 x_0 是 $\mathrm{ri}C$ 的极限点. 即 $x_0 \in \mathrm{cl}(\mathrm{ri}C)$. 因此 $\mathrm{cl}C \subset \mathrm{cl}(\mathrm{ri}C)$. 故有

$$\mathrm{cl}C = \mathrm{cl}(\mathrm{ri}C).$$

(2) 因为 $C \subset \mathrm{cl}C$, 且 $\mathrm{aff}C = \mathrm{aff}(\mathrm{cl}C)$, 但 $C \subset \mathrm{cl}C$, 所以 $\mathrm{ri}C \subset \mathrm{ri}(\mathrm{cl}C)$. 现在令 $z \in \mathrm{ri}(\mathrm{cl}C)$, 下证 $z \in \mathrm{ri}C$. 令 x 是 $\mathrm{ri}C$ 中任一点, $x \in \mathrm{ri}C \subset \mathrm{ri}(\mathrm{cl}C)$. 可以设 $x \neq z$, 否则结论平凡. 研究过 x, z 的直线. 对于 $\mu > 0$, 当 $\mu - 1$ 充分小时, 直线上的点

$$y = (1-\mu)x + \mu z = z - (\mu - 1)(x - z) \in \mathrm{ri}(\mathrm{cl}C) \subset \mathrm{cl}C.$$

即 $y \in \mathrm{cl}C$. 令 $\lambda = \mu^{-1} < 1$, 由定理 6.1 有

$$z = \mu^{-1}y + (1-\mu^{-1})x = \lambda y + (1-\lambda)x \in \mathrm{ri}C.$$

综上所述 $\mathrm{ri}(\mathrm{cl}C) = \mathrm{ri}C$. □

推论 6.1 设 C_1 和 C_2 是 $\mathbb{R}^n$ 中的两个凸集, 那么

(1) $\mathrm{cl}C_1 = \mathrm{cl}C_2$ 的充分必要条件是 $\mathrm{ri}C_1 = \mathrm{ri}C_2$;

(2) $\mathrm{ri}C_1 = \mathrm{ri}C_2$ 等同于 $\mathrm{ri}C_1 \subset C_2 \subset \mathrm{cl}C_1$.

证明　(1) (必要性)　因为 $\mathrm{cl}C_1 = \mathrm{cl}C_2$, 所以 $\mathrm{ri}(\mathrm{cl}C_1) = \mathrm{ri}(\mathrm{cl}C_2)$. 由定理 6.3 知

$$\mathrm{ri}(\mathrm{cl}C_1) = \mathrm{ri}C_1, \quad \mathrm{ri}(\mathrm{cl}C_2) = \mathrm{ri}C_2,$$

因此 $\mathrm{ri}C_1 = \mathrm{ri}C_2$.

(充分性)　因为 $\mathrm{ri}C_1=\mathrm{ri}C_2$, 所以 $\mathrm{cl}(\mathrm{ri}C_1)=\mathrm{cl}(\mathrm{ri}C_2)$. 由定理 6.3 知

$$\mathrm{cl}(\mathrm{ri}C_1) = \mathrm{cl}C_1, \quad \mathrm{cl}(\mathrm{ri}C_2) = \mathrm{cl}C_2.$$

因此 $\mathrm{cl}C_1 = \mathrm{cl}C_2$.

(2) (必要性)　注意到 $\mathrm{ri}C_2 \subset C_2 \subset \mathrm{cl}C_2$. 又因为 $\mathrm{ri}C_1 = \mathrm{ri}C_2$, 所以

$$\mathrm{ri}C_1 = \mathrm{ri}C_2 \subset C_2 \subset \mathrm{cl}C_2 = \mathrm{cl}C_1,$$

即 $\mathrm{ri}C_1 \subset C_2 \subset \mathrm{cl}C_1$.

(充分性)　由于 $\mathrm{ri}C_1 \subset C_2 \subset \mathrm{cl}C_1$, 由定理 6.3 得 $\mathrm{ri}(\mathrm{cl}C) = \mathrm{ri}C$. 两端取相对内部得

$$\mathrm{ri}(\mathrm{ri}C_1) \subset \mathrm{ri}C_2 \subset \mathrm{ri}(\mathrm{cl}C_1) = \mathrm{ri}C_1.$$

所以

$$\mathrm{ri}C_1 \subset \mathrm{ri}C_2 \subset \mathrm{ri}C_1.$$

即 $\mathrm{ri}C_1 = \mathrm{ri}C_2$.　□

推论 6.2　设 C 是 $\mathbb{R}^n$ 中的凸集, O 是 $\mathbb{R}^n$ 中的任一开集, 如果 $O\bigcap \mathrm{cl}C \neq \varnothing$, 则 $O\bigcap \mathrm{ri}C \neq \varnothing$.

证明　反设 $O\bigcap \mathrm{ri}C = \varnothing$, 则 $O\bigcap \mathrm{cl}(\mathrm{ri}C) = \varnothing$ (这是因为若 $O\bigcap A = \varnothing$, 则 $A \subset O^c$. 这里 O^c 表示 O 相对于全空间的补集. 因为 $\mathrm{cl}C$ 是包含 A 的最小闭集, 所以 $\mathrm{cl}A \subset O$, 所以 $O\bigcap \mathrm{cl}A = \varnothing$). 所以 $O\bigcap \mathrm{cl}C = \varnothing$, 与条件矛盾.　□

推论 6.3 设 C_2 是 $\mathbb{R}^n$ 中的非空凸集, 而 C_1 是 C_2 的相对边界的凸子集, 则 $\dim C_1 < \dim C_2$.

证明 (反证法) 由题意, $C_1 \bigcap \mathrm{ri} C_2 = \varnothing$, $C_1 \subset \mathrm{cl} C_2$, 所以

$$\mathrm{aff} C_1 \subset \mathrm{aff}(\mathrm{cl} C_2) = \mathrm{aff} C_2,$$

且 $\dim C_1 = \dim C_2$. 则 $\mathrm{aff} C_1 = \mathrm{aff} C_2$.

设 $x \in \mathrm{ri} C_1 \subset C_1 \subset \mathrm{cl} C_2$. 因为 $C_1 \subset \mathrm{cl} C_2$, 所以

$$\mathrm{ri} C_1 \subset \mathrm{ri}(\mathrm{cl} C_2) = \mathrm{ri} C_2.$$

又因为

$$x \in \mathrm{ri} C_1 \subset \mathrm{ri}(\mathrm{cl} C_2) = \mathrm{ri} C_2,$$

所以 $x \in \mathrm{ri} C_2$. 即 x 位于 C_2 的相对内部. 因而 $x \in (C_1 \bigcap \mathrm{ri} C_2)$, 与题设矛盾. □

定理 6.4 令 C 是 $\mathbb{R}^n$ 中的非空凸集, 则 $z \in \mathrm{ri} C$ 当且仅当对于每一个 $x \in C$, 都存在 $\mu > 1$, 使得

$$(1-\mu)x + \mu z \in C.$$

证明 (必要性) 显然成立.

(充分性) 由定理 6.2 知 $\mathrm{ri} C \neq \varnothing$. 取 $x \in \mathrm{ri} C$, 设

$$y = (1-\mu)x + \mu z \in C \subset \mathrm{cl} C,$$

其中 $\mu > 1$. 则 $z = (1-\lambda)x + \lambda y$, $0 < \lambda = \mu^{-1} < 1$. 由定理 6.1, 得 $z \in \mathrm{ri} C$. □

定理 6.4 意味着当 $x \in C, z \in \mathrm{ri} C$ 时, C 中以 z 为一个端点的线段可以延伸超过 z, 但不超出 C.

例子 6.9　令 $C=\{(x,y)\mid x^2+y^2\leqslant 1\}$. 定理 6.4 的几何表示如图 6.9 所示.

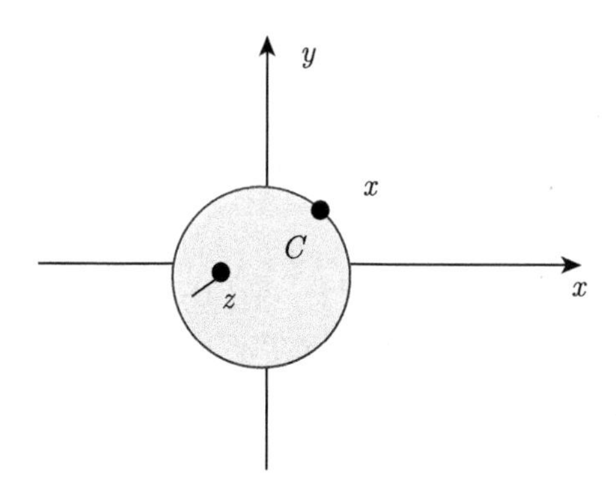

图 6.9　定理 6.4 的几何表示

推论 6.4　令 C 是 $\mathbb{R}^n$ 中的凸集, 则 $z\in \text{int}C$ 当且仅当对于每个 $y\in\mathbb{R}^n$, 存在某个 $\epsilon>0$, 使得 $z+\epsilon y\in C$.

证明　由于

$$\begin{aligned}\text{int}C&=\{z\mid \exists\epsilon>0,\ z+\epsilon B\subset C\}\\&=\{z\mid \exists\epsilon>0,\ z+\epsilon h\in C,\ |h|\leqslant 1\},\end{aligned}$$

对任意的 $y\in\mathbb{R}^n$, 存在 $M>0$, 使得 $|y|\leqslant M$. 故

$$\text{int}C=\left\{z\ \middle|\ \exists\epsilon>0,\ z+\epsilon\frac{y}{|M|}\in C,\ |y|\leqslant M\right\}.$$

令 $\epsilon'=\dfrac{\epsilon}{|M|}$, 则

$$\text{int}C=\{z\mid \epsilon'>0,\ \text{s.t. } z+\epsilon y\in C\}.$$ □

6.3　相对内部的运算

下面讨论相对内部如何进行凸集上的运算.

定理 6.5 设 $\{C_i|i \in I\}$ 是 $\mathbb{R}^n$ 中的凸集族, I 是任意指标集, $\bigcap\limits_{i\in I} \mathrm{ri} C_i \neq \varnothing$. 则

$$\mathrm{cl}\left(\bigcap_{i\in I} C_i\right) = \bigcap_{i\in I}(\mathrm{cl} C_i), \tag{6.1}$$

当 I 是有限集时, 还有

$$\mathrm{ri}\left(\bigcap_{i\in I} C_i\right) = \bigcap_{i\in I}(\mathrm{ri} C_i). \tag{6.2}$$

证明 (1) 设 $x \in \bigcap\limits_{i\in I} \mathrm{ri} C_i$, $y \in \bigcap\limits_{i\in I} \mathrm{cl} C_i$. 由定理 6.1 有

$$(1-\lambda)x + \lambda y \in \bigcap_{i\in I} \mathrm{ri} C_i, \quad 0 \leqslant \lambda < 1.$$

令 $\lambda \to 1$, 可知 y 是 $(1-\lambda)x + \lambda y$ 的极限点. 所以 $y \in \mathrm{cl}\left(\bigcap\limits_{i\in I}(\mathrm{ri} C_i)\right)$. 故有

$$\bigcap_{i\in I} \mathrm{cl} C_i \subset \mathrm{cl}\left(\bigcap_{i\in I}(\mathrm{ri} C_i)\right) \subset \mathrm{cl}\left(\bigcap_{i\in I} C_i\right) \subset \mathrm{cl}\left(\bigcap_{i\in I} \mathrm{cl} C_i\right) = \bigcap_{i\in I} \mathrm{cl} C_i.$$

所以

$$\mathrm{cl}\left(\bigcap_{i\in I} C_i\right) = \bigcap_{i\in I}(\mathrm{cl} C_i).$$

(2) 当 I 为有限集时, 由 (1) 得

$$\bigcap_{i\in I} \mathrm{cl} C_i = \mathrm{cl}\left(\bigcap_{i\in I} C_i\right) \subset \mathrm{cl}(\bigcap_{i\in I}(\mathrm{ri} C_i)) \subset \mathrm{cl}\left(\bigcap_{i\in I} \mathrm{cl} C_i\right) \subset \bigcap_{i\in I} \mathrm{cl} C_i = \mathrm{cl}\left(\bigcap_{i\in I} C_i\right).$$

所以

$$\mathrm{cl}\left(\bigcap_{i\in I} C_i\right) = \mathrm{cl}\left(\bigcap_{i\in I}(\mathrm{ri} C_i)\right).$$

因此得到

$$\mathrm{ri}\left(\bigcap_{i\in I} C_i\right) = \mathrm{ri}\left(\bigcap_{i\in I}(\mathrm{ri} C_i)\right) \subset \bigcap_{i\in I}(\mathrm{ri} C_i).$$

下面还要证明

$$\bigcap_{i\in I}(\mathrm{ri} C_i) \subset \mathrm{ri}\left(\bigcap_{i\in I} C_i\right).$$

由定理 6.4 知, 对任意的 $z \in \bigcap_{i\in I}(\mathrm{ri}C_i)$, 及任意的 $x \in \bigcap_{i\in I} C_i$, 有 $z \in \mathrm{ri}C_i$, $x \in C_i$, $i \in I$. 由定理 6.4 知, 存在 $\mu_i > 1$, 使得 $(1-\mu_i)x + \mu_i z \in C_i$, $i \in I$. 因此, 取 $\mu = \min_{i\in I}\{\mu_i\}$, 可知 $\mu > 1$. 且由 C_i 的凸性, 有 $(1-\mu)x + \mu z \in C_i$, $i \in I$. 因此

$$(1-\mu)x + \mu z \in \bigcap_{i\in I} C_i.$$

再次由定理 6.4(定理 6.4 中 C 替换成 $\bigcap_{i\in I} C_i$) 可得

$$z \in \mathrm{ri}\left(\bigcap_{i\in I} C_i\right).$$

所以

$$\bigcap_{i\in I}(\mathrm{ri}C_i) \subset \mathrm{ri}\left(\bigcap_{i\in I} C_i\right).$$

综上可得 $\bigcap_{i\in I}(\mathrm{ri}C_i) = \mathrm{ri}\left(\bigcap_{i\in I} C_i\right)$. □

在定理 6.5 中, $\bigcap_{i\in I} \mathrm{ri}C_i \neq \varnothing$ 的假设是必不可少的.

例子 6.10　当 $I = \{1, 2\}$ 时, 令

$$C_1 = \{(\xi_1, \xi_2) \mid \xi_1 > 0, \xi_2 > 0\} \bigcup \{(0, 0)\},$$

$$C_2 = \{(\xi_1, 0) \mid \xi_1 \in \mathbb{R}\}.$$

显然有

$$\mathrm{ri}C_1 = \{(\xi_1, \xi_2) \mid \xi_1 > 0, \xi_2 > 0\}, \quad \mathrm{ri}C_2 = C_2.$$

因此 $\mathrm{ri}C_1 \bigcap \mathrm{ri}C_2 = \varnothing$, 及

$$\mathrm{cl}(C_1 \bigcap C_2) = \{(0, 0)\}, \quad (\mathrm{cl}C_1) \bigcap (\mathrm{cl}C_2) = \{(\xi_1, 0) \mid 0 \leqslant \xi_1 < \infty\}.$$

即

$$\mathrm{cl}(C_1 \bigcap C_2) \neq (\mathrm{cl}C_1) \bigcap (\mathrm{cl}C_2).$$

例子 6.11 当 I 为无限集时, 结论不一定成立. 设 $\alpha>0$, $\bigcap\limits_{\alpha>0}[0,1+\alpha]=[0,1]$. 但

$$\operatorname{ri}\left(\bigcap_{\alpha>0}[0,1+\alpha]\right)=(0,1),\quad \bigcap_{\alpha>0}(\operatorname{ri}[0,1+\alpha])=(0,1].$$

所以

$$\operatorname{ri}\left(\bigcap_{\alpha>0}[0,1+\alpha]\right)\neq\bigcap_{\alpha>0}(\operatorname{ri}[0,1+\alpha]).$$

这是因为 $I=\{\alpha\mid\alpha>0\}$ 是无限的.

推论 6.5 令 C 是 $\mathbb{R}^n$ 中凸集, M 是至少包含 $\operatorname{ri}C$ 的一个点的仿射集 (例如一条直线或一个超平面), 则

$$\operatorname{ri}(M\bigcap C)=M\bigcap\operatorname{ri}C,\quad \operatorname{cl}(M\bigcap C)=M\bigcap\operatorname{cl}C.$$

证明 因为 M 是仿射集, 所以 $\operatorname{ri}M=M=\operatorname{cl}M$. 因为 M 是至少包含 $\operatorname{ri}C$ 的一个点的仿射集, 所以有 $M\bigcap\operatorname{ri}C\neq\varnothing$. 即 $\operatorname{ri}M\bigcap\operatorname{ri}C\neq\varnothing$. 再利用定理 6.5 得

$$\operatorname{ri}(M\bigcap C)=\operatorname{ri}M\bigcap\operatorname{ri}C=M\bigcap\operatorname{ri}C,$$

$$\operatorname{cl}(M\bigcap C)=\operatorname{cl}M\bigcap\operatorname{cl}C=M\bigcap\operatorname{cl}C.$$

证毕. □

推论 6.6 设 C_1,C_2 是 $\mathbb{R}^n$ 中的凸集, $C_2\subset\operatorname{cl}C_1$, 但 C_2 不完全包含在 C_1 的相对边界中 (即存在 $x\in C_2$, 使 $x\in\operatorname{ri}C_1$), 则 $\operatorname{ri}C_2\subset\operatorname{ri}C_1$.

证明 由已知可得 $\operatorname{ri}C_2$ 与 $\operatorname{ri}C_1$ 有交点. 否则, 如果 $\operatorname{ri}C_1\bigcap\operatorname{ri}C_2=\varnothing$, 因为 $\operatorname{ri}C_2\subset C_2\subset\operatorname{cl}C_1$, 且 $\operatorname{ri}C_1\bigcap\operatorname{ri}C_2=\varnothing$, 故有 $\operatorname{ri}C_2\subset(\operatorname{cl}C_1\backslash\operatorname{ri}C_1)$. 所以

$$\operatorname{cl}(\operatorname{ri}C_2)\subset(\operatorname{cl}C_1\backslash\operatorname{ri}C_1).$$

即 $\operatorname{cl}C_2\subset(\operatorname{cl}C_1\backslash\operatorname{ri}C_1)$. 因为

$$C_2 \subset \text{cl}C_2 \subset (\text{cl}C_1 \backslash \text{ri}C_1),$$

所以对任意的 $x \in C_2$, 都有 $x \notin \text{ri}C_1$. 这与题设存在 $x \in C_2$, 使 $x \in \text{ri}C_1$ 矛盾. 所以 $\text{ri}C_2 \bigcap \text{ri}C_1 \neq \varnothing$.

由定理 6.5 得

$$\text{ri}C_2 \bigcap \text{ri}C_1 = \text{ri}C_2 \bigcap \text{ri}(\text{cl}C_1) = \text{ri}(C_2 \bigcap \text{cl}C_1) = \text{ri}C_2.$$

所以 $\text{ri}C_2 \subset \text{ri}C_1$. □

例子 6.12 定理 6.5 中, 取

$$C_1 = \{(x,y) \mid x^2 + y^2 < 4\}, \quad C_2 = \{(x,y) \mid x^2 + (y-1)^2 \leqslant 1\}.$$

如图 6.10 所示, 可知 $C_2 \subset \text{cl}C_1$ 且 $\text{ri}C_2 \bigcap \text{ri}C_1 \neq \varnothing$. 有 $\text{ri}C_2 \subset \text{ri}C_1$.

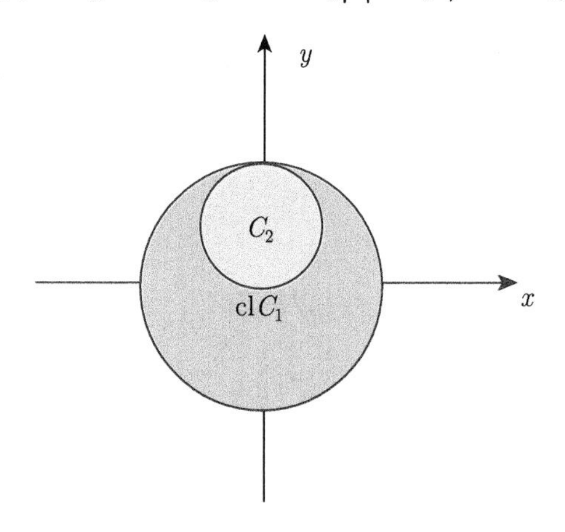

图 6.10 例子 6.12 示意图

6.4 线性变换与相对内部

定理 6.6 设 C 是 $\mathbb{R}^n$ 中的凸集, A 是从 $\mathbb{R}^n$ 到 $\mathbb{R}^m$ 的线性变换, 则

$$\text{ri}(AC) = A(\text{ri}C), \quad \text{cl}(AC) \supset A(\text{cl}C).$$

证明 先证 $\mathrm{cl}(AC) \supset A(\mathrm{cl}C)$. 对于任意的 $x \in \mathrm{cl}C$, 需证 $Ax \in \mathrm{cl}(AC)$. 因为 $x \in \mathrm{cl}C$, 所以对任意的 $\epsilon > 0$, 有 $x \in C + \epsilon B$. 因而有 $Ax \in AC + \epsilon AB$, 其中 $B = \{x \in \mathbb{R}^n \mid \|x\| \leqslant 1\}$. 令 $\epsilon' = \epsilon\|A\|$, 则对任意的 $\epsilon' > 0$, 都有

$$Ax \in AC + \epsilon' B', \quad B' = \frac{1}{\|A\|} AB.$$

可以验证, B' 也为单位球. 由 $\mathrm{cl}(AC)$ 的定义, 有 $Ax \in \mathrm{cl}(AC)$, 即 $\mathrm{cl}(AC) \supset A(\mathrm{cl}C)$.

再证 $\mathrm{ri}(AC) = A(\mathrm{ri}C)$. 利用 $\mathrm{cl}(AC) \supset A(\mathrm{cl}C)$, 由 C 的凸性, 有 $\mathrm{ri}(C)$ 凸. 因此

$$\mathrm{cl}(A(\mathrm{ri}C)) \supset A(\mathrm{cl}(\mathrm{ri}C)) = A(\mathrm{cl}C) \supset AC \supset A(\mathrm{ri}C).$$

因为 $\mathrm{cl}(A(\mathrm{ri}C)) \supset AC$, 所以

$$\mathrm{cl}(A(\mathrm{ri}C) = \mathrm{cl}(\mathrm{cl}(A(\mathrm{ri}C))) \supset \mathrm{cl}(AC).$$

而 $AC \supset A(\mathrm{ri}C)$, 因此 $\mathrm{cl}(AC) \supset \mathrm{cl}(A(\mathrm{ri}C))$. 故 $\mathrm{cl}(AC) = \mathrm{cl}(A(\mathrm{ri}C))$. 再由推论 6.1 可得

$$\mathrm{ri}(AC) = \mathrm{ri}A(\mathrm{ri}C), \quad \mathrm{ri}(AC) \subset A(\mathrm{ri}C).$$

要证 $\mathrm{ri}(AC) \supset A(\mathrm{ri}C)$, 即要证对任意的 $z \in A(\mathrm{ri}C)$, 有 $z \in \mathrm{ri}(AC)$. 令 x 是 AC 中的任意一点, 则存在 $x' \in C$, 使得 $Ax' = x$. 对任意的 $z \in A(\mathrm{ri}C)$, 存在 $z' \in \mathrm{ri}(C)$, 使得 $Az' = z$. 由定理 6.4 知, 存在 $\mu > 1$, 使得 $(1-\mu)x' + \mu z' \in C$. 则

$$A((1-\mu)x' + \mu z') = (1-\mu)Ax' + \mu Az' = (1-\mu)x + \mu z.$$

所以 $(1-\mu)x + \mu z \in AC$. 即对任意的 $x \in AC$, 存在 $\mu > 1$, 使得 $(1-\mu)x + \mu z \in AC$. 由定理 6.4 得 $z \in \mathrm{ri}(AC)$. □

推论 6.7　对任意凸集 C, 对任意的 $\lambda \in \mathbb{R}$, 有 $\mathrm{ri}(\lambda C) = \lambda \mathrm{ri}(C)$.

证明　取线性变换 $A : x \to \lambda x$. 对任意的 $x \in C$, 则 $\lambda x \in AC$. 故有

$$\mathrm{ri}(\lambda C) = \mathrm{ri}(AC) = A(\mathrm{ri} C) = \lambda \mathrm{ri}(C).$$

证毕. □

定义 6.3　对凸集 $C_1 \subset \mathbb{R}^m, C_2 \subset \mathbb{R}^p$, C_1, C_2 在 $\mathbb{R}^{m+p}$ 上的直和 $C_1 \oplus C_2$ 定义为

$$C_1 \oplus C_2 = \{(y, z) \mid y \in C_1, z \in C_2\}.$$

显然, 有

$$\mathrm{ri}(C_1 \oplus C_2) = \mathrm{ri} C_1 \oplus \mathrm{ri} C_2,$$

$$\mathrm{cl}(C_1 \oplus C_2) = \mathrm{cl} C_1 \oplus \mathrm{cl} C_2.$$

推论 6.8　对 $\mathbb{R}^n$ 上任意凸集 C_1, C_2, 有

$$\mathrm{ri}(C_1 + C_2) = \mathrm{ri} C_1 + \mathrm{ri} C_2,$$

$$\mathrm{cl}(C_1 + C_2) = \mathrm{cl} C_1 + \mathrm{cl} C_2.$$

证明　令线性变换 $A : (x_1, x_2) \mapsto x_1 + x_2$, 则 $A(C_1 \oplus C_2) = C_1 + C_2$. 由定理 6.6 以及推论 6.8, 有

$$\begin{aligned}\mathrm{ri}(C_1 + C_2) &= \mathrm{ri}(A(C_1 \oplus C_2)) = A\mathrm{ri}(C_1 \oplus C_2) \\ &= A(\mathrm{ri} C_1 \oplus \mathrm{ri} C_2) = \mathrm{ri} C_1 + \mathrm{ri} C_2.\end{aligned}$$

同理,

$$\begin{aligned}\mathrm{cl}(C_1 + C_2) &= \mathrm{cl}(A(C_1 \oplus C_2)) \supset A\mathrm{cl}(C_1 \oplus C_2) \\ &= A(\mathrm{cl} C_1 \oplus \mathrm{cl} C_2) = \mathrm{cl} C_1 + \mathrm{cl} C_2.\end{aligned}$$

证毕. □

定理 6.7 设 A 是从 $\mathbb{R}^n$ 到 $\mathbb{R}^m$ 的线性变换, C 是 $\mathbb{R}^m$ 中的凸集. $A^{-1}(\text{ri}C) \neq \varnothing$, 则

$$\text{ri}(A^{-1}C) = A^{-1}\text{ri}C, \quad \text{cl}(A^{-1}C) = A^{-1}(\text{cl}C).$$

证明 $A^{-1}(\text{ri}C) \neq \varnothing$ 意味着存在 $x \in \mathbb{R}^n$, 使得 $Ax \in \text{ri}C$. 令

$$D = \mathbb{R}^n \oplus C = \{z = (x, y) \mid x \in \mathbb{R}^n,\ y \in C\}.$$

M 是 A 的图, 即 $M = \{(x, Ax) \mid x \in \mathbb{R}^n\}$. 则 M 是 $\mathbb{R}^n \times \mathbb{R}^m$ 中的一个仿射集 (实际上是子空间). 有

$$\text{ri}D = \mathbb{R}^n \oplus \text{ri}C = \{z = (x, y) \mid x \in \mathbb{R}^n,\ y \in \text{ri}C\}.$$

因为 $A^{-1}(\text{ri}C) \neq \varnothing$, 所以存在 x, 使得 $Ax \in \text{ri}C$, 即 $M \bigcap \text{ri}D \neq \varnothing$.

设 P 表示 $\mathbb{R}^n \times \mathbb{R}^m$ 到 $\mathbb{R}^n$ 上的投影, 即对任意的 $x \in \mathbb{R}^n, y \in \mathbb{R}^m$, 有 $P(x, y) = x$. 因为

$$\begin{aligned} M \bigcap D &= \{z = (x, y) \mid x \in \mathbb{R}^n,\ y = Ax,\ y \in C\} \\ &= \{z = (x, y) \mid x \in \mathbb{R}^n,\ y = Ax,\ Ax \in C\}, \end{aligned}$$

故

$$\begin{aligned} P(M \bigcap D) &= \{x \mid z = (x, y),\ x \in \mathbb{R}^n,\ y = Ax,\ Ax \in C\} \\ &= \{x \mid x \in \mathbb{R}^n,\ Ax \in C\} = A^{-1}C. \end{aligned}$$

由定理 6.6 和推论 6.5 得

$$\text{ri}(A^{-1}C) = \text{ri}(P(M \bigcap D)) = P(\text{ri}(M \bigcap D)) = P(M \bigcap \text{ri}D) = A^{-1}(\text{ri}C),$$

$$\text{cl}(A^{-1}C) = \text{cl}(P(M \bigcap D)) \supset P(\text{cl}(M \bigcap D)) = P(M \bigcap \text{cl}D) = A^{-1}(\text{cl}C).$$

所以 $\text{cl}(A^{-1}C) \supset A^{-1}(\text{cl}C)$. A 的连续性说明, 闭集的原象仍是闭集, 所以 $A^{-1}(\text{cl}C)$ 是闭集.

因为 $A^{-1}C \subset A^{-1}(\mathrm{cl}C)$, 所以

$$\mathrm{cl}(A^{-1}C) \subset \mathrm{cl}(A^{-1}(\mathrm{cl}C)) = A^{-1}(\mathrm{cl}C).$$

因此有 $\mathrm{cl}(A^{-1}C) \subset A^{-1}(\mathrm{cl}C)$, 即 $\mathrm{cl}(A^{-1}C) = A^{-1}(\mathrm{cl}C)$. □

例子 6.13 给出定理 6.7 的反例, 当 $A^{-1}(\mathrm{ri}C) \neq \varnothing$ 时, 有 $\mathrm{ri}(A^{-1}C) = A^{-1}\mathrm{ri}C$, 但 $A^{-1}(\mathrm{cl}C) \neq \mathrm{cl}(A^{-1}C)$.

取 $m = n = 2$, $C = \{(\xi_1, \xi_2) \mid \xi_1 > 0,\ \xi_2 > 0\} \bigcup \{(0,0)\}$. 线性变换 A 定义为 $A : (\xi_1, \xi_2) \to (\xi_1, 0)$. 由 C 的定义, 有

$$\mathrm{cl}C = \{(\xi_1, \xi_2) \mid \xi_1 \geqslant 0,\ \xi_2 \geqslant 0\}, \quad \mathrm{ri}C = \{(\xi_1, \xi_2) \mid \xi_1 > 0,\ \xi_2 > 0\}.$$

而

$$A^{-1}(\mathrm{ri}C) = \{x \mid x \in \mathbb{R}^2,\ Ax \in \mathrm{ri}C\} = \{(\xi_1, \xi_2) \mid (\xi_1, 0) \notin \mathrm{ri}C\} = \varnothing,$$

$$A^{-1}C = \{x \mid x \in \mathbb{R}^2,\ Ax \in C\} = \{(\xi_1, \xi_2) \mid (\xi_1, 0) \in \mathrm{ri}C\} = \{(0,0)\}.$$

因 $\mathrm{ri}(A^{-1}C) = \varnothing$, 所以有 $\mathrm{ri}(A^{-1}C) = A^{-1}\mathrm{ri}C$.

另一方面, 有

$$\begin{aligned} A^{-1}(\mathrm{cl}C) &= \{x \mid x \in \mathbb{R}^2,\ Ax \in \mathrm{cl}C\} \\ &= \{(\xi_1, \xi_2) \mid (\xi_1, 0) \in \mathrm{cl}C\} = \{(\xi_1, 0) \mid \xi_1 \geqslant 0\}, \end{aligned}$$

$$\mathrm{cl}(A^{-1}C) = \{(0,0)\},$$

所以有

$$A^{-1}(\mathrm{cl}C) \neq \mathrm{cl}(A^{-1}C).$$

定理 6.8 令 C 是 $\mathbb{R}^{m+p}$ 中的凸集, 对于每一个 $y \in \mathbb{R}^m$, 设

$$C_y = \{z \in \mathbb{R}^p \mid (y, z) \in C\}.$$

记 $D = \{y \in \mathbb{R}^m \mid C_y \neq \varnothing\}$, 则 $(y, z) \in \mathrm{ri}C$ 当且仅当 $y \in \mathrm{ri}D$, $z \in \mathrm{ri}C_y$.

证明 定义映射 $A : \mathbb{R}^{m+p} \to \mathbb{R}^m$, 将 C 映到 D, 即 $A(y, z) = y$, $y \in \mathbb{R}^m$, $z \in \mathbb{R}^p$. 所以 $AC = D$. 由定理 6.6 知, $\mathrm{ri}(AC) = A(\mathrm{ri}C)$, 所以 $\mathrm{ri}D = A\mathrm{ri}C$. 即 $(y, z) \in \mathrm{ri}C \Rightarrow y \in \mathrm{ri}D$.

给任意给定的 $y \in \mathrm{ri}D$, 此时 y 是个固定的点, $M = \{(y, z) \mid z \in \mathbb{R}^p\}$ 是仿射集. 此时 C 可以写为

$$C = \{(y, z) \mid z \in C_y\}.$$

$$\mathrm{ri}C = \{(y, z) \mid z \in C_y\}, M\bigcap C = \{(y, z) \mid z \in C_y\}.$$

由推论 6.5, 有

$$M\bigcap \mathrm{ri}C = \mathrm{ri}(M\bigcap C) = \{(y, z) \mid z \in C_y\}.$$

因此, $z \in \mathrm{ri}C_y \Leftrightarrow (y, z) \in M\bigcap \mathrm{ri}C$, 即 $(y, z) \in \mathrm{ri}C$. 所以有

$$y \in \mathrm{ri}D, z \in \mathrm{ri}C_y \Leftrightarrow (y, z) \in \mathrm{ri}C. \qquad \square$$

推论 6.9 令 C 是 $\mathbb{R}^n$ 上的非空凸集, 令 K 是由 $\{(1, x) \mid x \in C\}$ 生成的 $\mathbb{R}^{n+1}$ 上的凸锥, 那么 $\mathrm{ri}K$ 由 (λ, x) 构成, 满足 $\lambda > 0$ 且 $x \in \lambda\mathrm{ri}C$. 即

$$\mathrm{ri}K = \{(\lambda, x) \mid \lambda > 0,\ x \in \lambda\mathrm{ri}C\}.$$

证明 因为 K 是由 $\{(1, x) \mid x \in C\}$ 生成的 $\mathbb{R}^{n+1}$ 上的凸锥, 所以

$$K = \{(\lambda, \lambda x) \mid \lambda > 0,\ x \in C\}\bigcup\{\mathbf{0}\} = \{(\lambda, \lambda x) \mid \lambda \geqslant 0,\ x \in C\}.$$

因此

$$\mathrm{ri}K = \{(\lambda, \lambda x) \mid \lambda > 0,\ x \in \mathrm{ri}C\}.$$

令 $y = \lambda x$, 则

$$\mathrm{ri}K = \{(\lambda, y) \mid \lambda > 0,\ y \in \lambda\mathrm{ri}C\}.$$

所以 $\mathrm{ri}K$ 由 (λ, x) 构成, 满足 $\lambda > 0$ 且 $x \in \lambda \mathrm{ri}C$. □

注 6.2 由 C 生成的凸锥

$$K = \{\lambda x \mid \lambda > 0,\ x \in C\} \bigcup \{\mathbf{0}\} = \{\lambda x \mid \lambda \geqslant 0,\ x \in C\}.$$

所以

$$\mathrm{ri}K = \{\lambda x \mid \lambda > 0,\ x \in \mathrm{ri}C\}.$$

很明显, 凸锥的相对内部和闭包仍都是凸锥.

定理 6.9 令 $C_1, \cdots, C_m$ 是 $\mathbb{R}^n$ 上的非空凸集, 令

$$C_0 = \mathrm{conv}(C_1 \bigcup \cdots \bigcup C_m).$$

那么

$$\mathrm{ri}C_0 = \bigcup \{\lambda_1 \mathrm{ri}C_1 + \cdots + \lambda_m \mathrm{ri}C_m \mid \lambda_i > 0, \lambda_1 + \cdots + \lambda_m = 1\}.$$

证明　令 K_i 是 $\mathbb{R}^n$ 上由 $\{(1, x_i) \mid x_i \in C\}$ 生成的凸锥, $i = 0, 1, \cdots, m$. 即

$$K_i = \{\mu_i(1, x_i) \mid \mu_i \geqslant 0,\ x_0 \in C_i\}, \quad i = 0, 1, \cdots, m.$$

由定理 3.3, 有

$$\mathrm{conv}\,(C_1 \bigcup \cdots \bigcup C_m) = \bigcup \left(\sum_{i=1}^{n} \lambda_i C_i\right), \quad \lambda_i \geqslant 0,\ \sum_{i=1}^{n} \lambda_i = 1.$$

$$\begin{aligned} K_0 &= \{\mu_0(1, x_0) \mid \mu_0 > 0,\ x_0 \in C_0\} \\ &= \left\{\mu_0(1, x_0) \,\middle|\, \mu_0 > 0,\ x_0 = \lambda_1 x_1 + \cdots + \lambda_m x_m,\ \lambda \geqslant 0, \right. \\ &\qquad \left. \sum_{i=1}^{m} \lambda_i = 1,\ x_i \in C_i,\ i = 1, 2, \cdots, m \right\} \end{aligned}$$

$$
\begin{aligned}
&=\left\{(\mu_0,\mu_0(\lambda_1x_1+\cdots+\lambda_mx_m))\;\middle|\;\mu_0>0,\ \lambda_i\geqslant 0,\right.\\
&\left.\sum_{i=1}^m\lambda_i=1,\ x_i\in C_i, i=1,2,\cdots,m\right\}\\
&=\left\{(\mu_0\sum_{i=1}^n\lambda_i,\mu_0(\lambda_1x_1+\cdots+\lambda_mx_m))\;\middle|\;\mu_0>0,\ \lambda_i\geqslant 0,\right.\\
&\left.\sum_{i=1}^m\lambda_i=1,\ x_i\in C_i,\ i=1,2,\cdots,m\right\}\\
&=\left\{\sum_{i=1}^m(\mu_0\lambda_i,\mu_0\lambda_ix_i)\;\middle|\;\mu_0>0,\ \lambda_i\geqslant 0,\right.\\
&\left.\sum_{i=1}^m\lambda_i=1,\ x_i\in C_i,\ i=1,2,\cdots,m\right\}\\
&=\left\{\sum_{i=1}^m\lambda_i\mu_0(1,x_i)\;\middle|\;\mu_0>0,\ \lambda_i\geqslant 0,\right.\\
&\left.\sum_{i=1}^m\lambda_i=1,\ x_i\in C_i,\ i=1,2,\cdots,m\right\}\\
&=\left\{\sum_{i=1}^m\mu_i(1,x_i)\;\middle|\;\mu_i>0,\ (1,x_i)\in K_i,\ i=1,2,\cdots,m\right\}\\
&=\left\{\sum_{i=1}^m y_i\;\middle|\;y_i\in K_i,\ i=1,2,\cdots,m\right\}\\
&=K_1+\cdots+K_m.
\end{aligned}
$$

所以有 $K_0=K_1+\cdots+K_m$, 又由定理 3.8, 有

$$
\operatorname{conv}(K_1\bigcup\cdots\bigcup K_m)=K_1+\cdots+K_m,
$$

因此有

$$
K_0=\operatorname{conv}(K_1\bigcup\cdots\bigcup K_m)=K_1+\cdots+K_m.
$$

由推论 6.8, 有

$$\mathrm{ri}K_0 = \mathrm{ri}(K_1 + \cdots + K_m) = \mathrm{ri}K_1 + \cdots + \mathrm{ri}K_m.$$

由推论 6.9 知, $\mathrm{ri}K_i$ 由 (λ, x_i) 构成, 满足 $\lambda_i > 0$ 且 $x_i \in \lambda_i \mathrm{ri}C_i$. 因此 $x_0 \in \mathrm{ri}C_0$ 等价于 $(1, x_0) \in \mathrm{ri}K_0$, 也就等价于

$$x_0 \in \lambda_1 \mathrm{ri}C_1 + \cdots + \lambda_m \mathrm{ri}C_m, \quad \lambda_i > 0,\ \lambda_1 + \cdots + \lambda_m = 1.$$

而

$$\begin{aligned} C_0 &= \mathrm{conv}(C_1 \bigcup \cdots \bigcup C_m) = \bigcup \left(\sum_{i=1}^{n} \lambda_i C_i \right) \\ &= \lambda_1 C_1 + \cdots + \lambda_m C_m, \quad \lambda_i \geqslant 0,\ \sum_{i=1}^{n} \lambda_i = 1. \end{aligned}$$

故

$$\mathrm{ri}C_0 = \lambda_1 \mathrm{ri}C_1 + \cdots + \lambda_m \mathrm{ri}C_m, \quad \lambda_i > 0,\ \sum_{i=1}^{n} \lambda_i = 1.$$

所以

$$\mathrm{ri}C_0 = \bigcup \{ \lambda_1 \mathrm{ri}C_1 + \cdots + \lambda_m \mathrm{ri}C_m \mid \lambda_i > 0, \lambda_1 + \cdots + \lambda_m = 1 \}.$$

证毕. □

练　习　题

练习 6.1　记 $\mathcal{S}^n$ 表示 $n \times n$ 对称矩阵的集合. $\mathcal{S}^n_+ \subseteq \mathcal{S}^n$ 表示对称半正定矩阵的集合. 请写出 $\mathrm{int}\mathcal{S}^n_+$, $\mathrm{bd}\mathcal{S}^n_+$, $\mathrm{cl}\mathcal{S}^n_+$.

练习 6.2　记 $I \in \mathcal{S}^n$ 为单位阵. $e = (1, \cdots, 1)^{\mathrm{T}} \in \mathbb{R}^n$. $J = I - \dfrac{1}{n} ee^{\mathrm{T}}$. 证明: 对任意的 $X \in \mathcal{S}^n$, 若 $JXJ \succeq 0$, 则 $JXJ \in \mathrm{bd}\mathcal{S}^n_+$.

第 7 章 凸函数的闭包

本章通过将凸集的闭包和相对内部理论应用到凸函数的上图或水平集上, 由凸性推断一些拓扑性质, 最重要的结论之一是下半连续性, 是凸函数的一个 "构造性" 性质. 例如, 下面将证明有一种闭包运算可以使任何正常凸函数下半连续, 即重新定义在有效域相对边界上的点, 使得正常凸函数下半连续.

7.1 下 半 连 续

定义 7.1 S 是 $\mathbb{R}^n$ 中的一个集合, f 是 S 上的广义实值函数. 如果对 S 中每个收敛于点 $x \in S$ 的序列 $x_1, x_2, \cdots, x_i$, 且 $f(x_1), f(x_2), \cdots$ 极限在 $[-\infty, \infty]$ 存在, 都有

$$f(x) \leqslant \lim_{i\to\infty} f(x_i),$$

则 f 在 x 处下半连续.

上述定义中的条件可以写成

$$f(x) = \liminf_{y\to x} f(y) = \lim_{\varepsilon\downarrow 0}(\inf\{f(y) \mid \|y-x\| \leqslant \varepsilon\}).$$

与此类似, 若

$$f(x) = \limsup_{y\to x} f(y) = \lim_{\varepsilon\downarrow 0}(\sup\{f(y) \mid \|y-x\| \leqslant \varepsilon\}),$$

则称 f 在 x 处是上半连续的.

例子 7.1　判断下面三个函数是否是下半连续的.

$$I_1(x)=\begin{cases}1, & 0<x<1,\\ 0, & \text{其他},\end{cases}\qquad I_2(x)=\begin{cases}1, & 0<x<1\\ \dfrac{1}{2}, & x=0,\\ 0, & \text{其他},\end{cases}$$

$$I_3(x)=\begin{cases}1, & 0<x<1,\\ -\dfrac{1}{2}, & x=0,\\ 0, & \text{其他}.\end{cases}$$

由定义可知, 以上函数在 $x=0$ 点的函数值是否是它足够小的领域内的最小值, 决定了该函数本身的下半连续性. 所以函数 I_1, I_3 是下半连续的, 而 I_2 不是.

函数的图像如图 7.1—7.3 所示.

下半连续性在研究凸函数中的重要性在下面的结果中是很明显的.

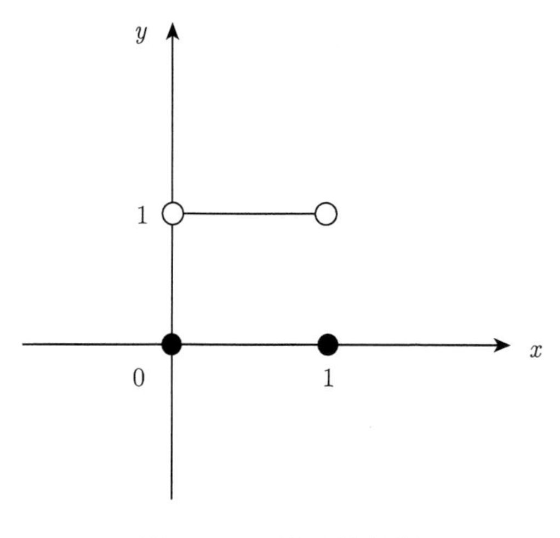

图 7.1　I_1 的函数图像

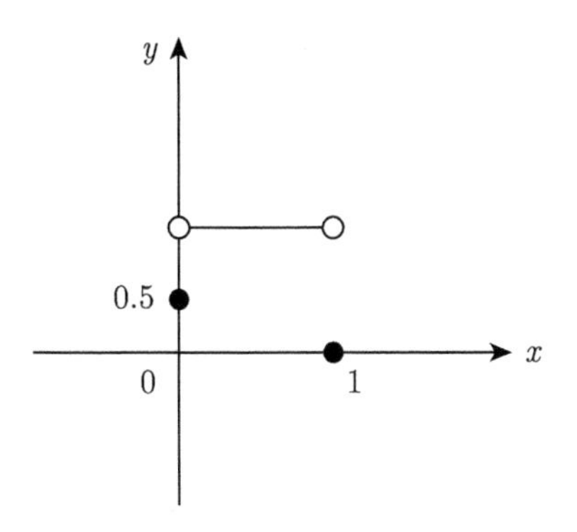

图 7.2 I_2 的函数图像

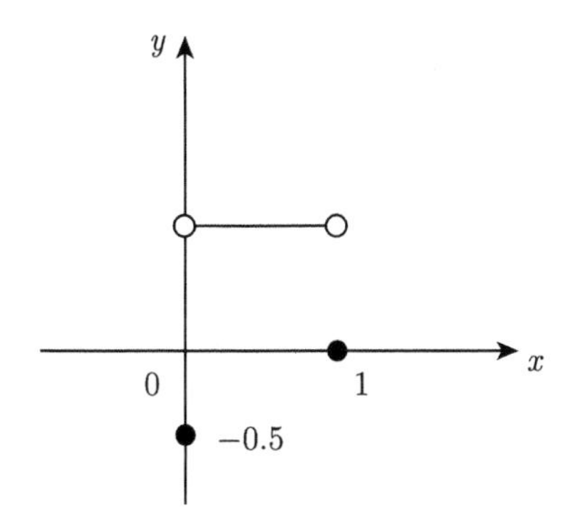

图 7.3 I_3 的函数图像

定理 7.1 f 是从 $\mathbb{R}^n$ 到 $[-\infty, \infty]$ 的任一函数, 则下面的条件是等价的.

(1) f 在 $\mathbb{R}^n$ 上是下半连续的;

(2) 对任意 $\alpha \in \mathbb{R}$, $\{x \mid f(x) \leqslant \alpha\}$ 都是闭集;

(3) f 的上图是 $\mathbb{R}^{n+1}$ 上的闭集.

证明 证明顺序为 (1) $\Leftrightarrow$ (3), (1) $\Leftrightarrow$ (2).

记命题 A 为: 对所有满足 $\mu_i \geqslant f(x_i)$ $(i = 1, 2, \cdots)$ 的序列, 若有

$$\mu = \lim_{i \to \infty} \mu_i, \quad x = \lim_{i \to \infty} x_i,$$

则 $\mu \geqslant f(x)$ 成立.

下面先证明命题 A 与函数 f 的下半连续性等价.

(⇐) 因为 $\mu_i \geqslant f(x_i)$, 取极限得

$$\lim_{i\to\infty} \mu_i = \mu \geqslant \lim_{i\to\infty} f(x_i) \geqslant f(x).$$

最后一个大于等于号是根据函数的下半连续性. 因此可得到命题 A.

(⇒) 反设 $f(x)$ 不是下半连续的. 即存在序列 $\{x_{k_i}\}$, 使得 $x_{k_i} \to x$ 而 $f(x) > \lim\limits_{i\to\infty} f(x_{k_i})$. 取 $\mu_i = f(x_{k_i})$, 则有

$$\mu = \lim_{i\to\infty} \mu_i = \lim_{i\to\infty} f(x_{k_i}) < f(x_i).$$

这与已知矛盾. 因此得到 f 是下半连续的. 而命题 A 是 (c) 的等价描述. 由此可知 (1)⇔(3).

下面证明 (1) ⇔ (2). 先证明 (1) ⇒ (2). 记 $M = \{x \mid f(x) \leqslant \alpha\}$. 证明 M 为闭集, 仅需证明对任意 $\{x_k\} \subseteq M$, $x_k \to x$, 有 $x \in M$. 注意到, $x_k \to x$ 时, 由于 $f(x_k) \leqslant \alpha$, 因此有 $\lim\limits_{k\to\infty} f(x_k) \leqslant \alpha$. 而由 f 的下半连续性知, $f(x) \leqslant \lim\limits_{k\to\infty} f(x_k)$, 故有 $f(x) \leqslant \alpha$. 即 $x \in M$. 因此 M 为闭集.

下证 (2) ⇒ (1). 由条件 (2), 设 $x_i \to x$, $f(x_i) \to \mu$. 对任意 $\alpha > \mu$, $f(x_i) < \alpha$, 由闭集性质, 有

$$x \in \mathrm{cl}\{y \mid f(y) \leqslant \alpha\} = \{y \mid f(y) \leqslant \alpha\}.$$

因此, $f(x) \leqslant \mu$. (2)⇒(1) 成立. □

注 7.1 这里需要说明的是, 我们无法直接证明条件 (2) 与 (3) 是等价的, 虽然上图确为一些水平集 $\{(x,\alpha) \mid f(x) \leqslant \alpha\}$ $(\alpha \in \mathbb{R})$ 的并集, 但是闭集的并集不一定是闭集. 例如取闭集 $\left[0, \dfrac{n-1}{n}\right]$, 则有

$$\bigcup_n \left[0, \frac{n-1}{n}\right] = [0, 1).$$

7.2 闭　包

定义 7.2 (1) 设 f 是 $\mathbb{R}^n$ 上的实值函数, 若函数 $g(x)$ 满足 $\mathrm{cl}(\mathrm{epi}f) = \mathrm{epi}g$, 称 $g(x)$ 是 f 的下半连续包;

(2) 若 f 是取不到 $-\infty$ 的凸函数, 称 f 的下半连续包为 f 的闭包, 记为 $\mathrm{cl}f$;

(3) 若存在 x, $f(x) = -\infty$, 则定义 $\mathrm{cl}f = -\infty$.

注 7.2 若 f 为凸函数, 则 $\mathrm{cl}f$ 也是凸函数.

证明 若 f 凸, 则有 $\mathrm{epi}f$ 凸. 由定理 6.2 可得 $\mathrm{cl}(\mathrm{epi}f)$ 凸. 又由定义可知, 当 f 正常凸时, $\mathrm{cl}(\mathrm{epi}f) = \mathrm{epi}(\mathrm{cl}f)$, 那么由 $\mathrm{epi}(\mathrm{cl}f)$ 的凸性就可以得到 $\mathrm{cl}f$ 的凸性. 此时将 f 非正常的情况也归纳进来, 就可以得到任意凸函数 f 的凸包也是一个凸函数. □

定义 7.3 若 $\mathrm{cl}f = f$, 则称凸函数 f 是闭的.

性质 7.1 f 的下半连续包是被 f 优超的最大的下半连续函数.

证明 反设被 f 优超的最大的下半连续函数是 $g(x)$, 且 $g(x)$ 大于 f 的下半连续包. 即下半连续函数 $g(x)$ 满足

$$\mathrm{epi}g(x) = \mathrm{cl}(\mathrm{epi}f(x)),$$

且存在 x_0, 使得 $g(x_0) > (\mathrm{cl}f)(x_0)$. 那么由上图的包含关系有

$$\mathrm{epi}g \supseteq \mathrm{epi}(\mathrm{cl}f) = \mathrm{cl}(\mathrm{epi}f),$$

且 $\mathrm{epi}g \neq \mathrm{cl}(\mathrm{epi}f)$. 这与假设矛盾. 因此原命题成立. □

例子 7.2 如上述性质: f (图 7.4) 的下半连续包 g (图 7.5) 是被 f 优超的最大的下半连续函数.

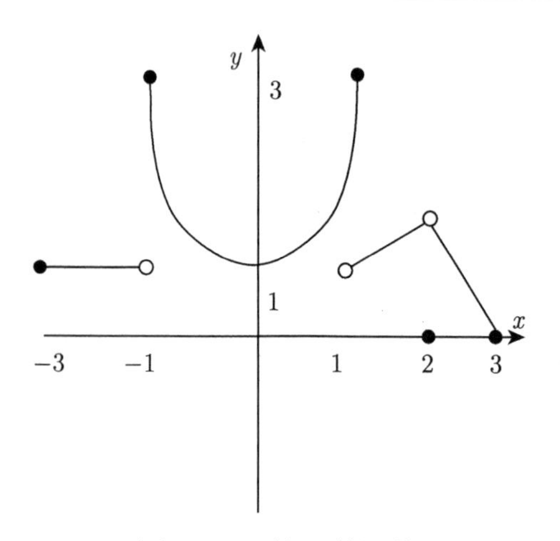

图 7.4 f 的函数图像

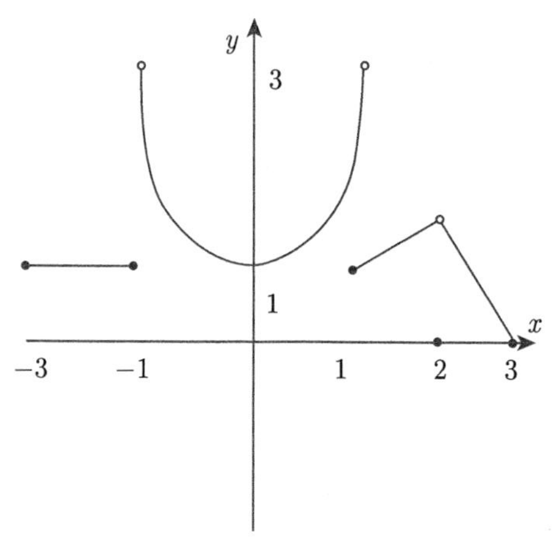

图 7.5 g 的函数图像

注 7.3 (1) 对一个正常凸函数 f, f 是闭的等价于 f 是下半连续的;

(2) 闭的非正常的凸函数, 只有 $f = \pm\infty$;

(3) 若 f 是正常凸函数, f 的有效域是闭的, 且 f 在有效域是连续的, 则由定理 7.1 知 f 是闭的 (取 $\alpha = \infty$);

(4) 但当凸函数 f 是闭的, 不一定需要其有效域是闭的. 例如下面例子 7.3.

例子 7.3

$$f(x)=\begin{cases}\dfrac{1}{x}, & x>0,\\ \infty, & x\leqslant 0.\end{cases}$$

其上图

$$\mathrm{epi}f=\{(x,\mu)\mid f(x)\geqslant\mu,\ x>0\}\bigcup\{(x,\infty)\mid x\leqslant 0\}$$

是闭集, 但其有效域

$$\mathrm{dom}f=\{x\mid f(x)<\infty\}=\{x\mid x>0\}$$

是开集.

注 7.4 设 f 是正常凸函数, 由定义有 $\mathrm{epi}(\mathrm{cl}f)=\mathrm{cl}(\mathrm{epi}f)$, 由定理 7.1 的证明可得

$$(\mathrm{cl}f)(x)=\liminf_{y\to x}f(y).$$

$(\mathrm{cl}f)(x)$ 可以看作是 μ 的下确界, 使得 $x\in\{x\mid f(x)\leqslant\mu\}$. 若有 $(\mathrm{cl}f)x\leqslant\alpha$, 则一定有对任意的 $\mu>\alpha$, $f(x)\leqslant\mu$. 故有

$$(x,\mu)\in\mathrm{epi}(\mathrm{cl}f),\quad (x,\mu)\in\mathrm{cl}(\mathrm{epi}f).$$

因此

$$\{x\mid(\mathrm{cl}f)(x)\leqslant\alpha\}=\bigcap_{\mu>\alpha}\mathrm{cl}\{x\mid f(x)\leqslant\mu\}.\tag{7.1}$$

对式 (7.1) 的理解: 记 $g(x)=(\mathrm{cl}f)(x)$. 则左边可以看作

$$\begin{aligned}\{x\mid(\mathrm{cl}f)(x)\leqslant\alpha\}&=\{x\mid g(x)\leqslant\alpha\}\\&=\bigcap_{u>\alpha}\{x\mid g(x)\leqslant u\}\end{aligned}$$

$$= \bigcap_{u>\alpha} \{x \mid (x,u) \in \text{epi} g\}$$
$$= \bigcap_{u>\alpha} \{x \mid (x,u) \in \text{epi}(\text{cl} f)\}.$$

注意到 $\text{epi}(\text{cl}f) = \text{cl}(\text{epi}f)$, 因此有

$$\begin{aligned}\{x \mid (\text{cl}f)(x) \leqslant \alpha\} &= \bigcap_{u>\alpha} \{x \mid (x,u) \in \text{epi}(\text{cl}f)\} \\ &= \bigcap_{u>\alpha} \{x \mid (x,u) \in \text{cl}(\text{epi}f)\} \\ &= \bigcap_{\mu>\alpha} \text{cl}\{x \mid f(x) \leqslant \mu\}.\end{aligned}$$

注 7.5　在任何情况下, $\text{cl}f \leqslant f$, 且当 $f_1 \leqslant f_2$ 时有 $\text{cl}f_1 \leqslant \text{cl}f_2$. f 与 $\text{cl}f$ 在 $\mathbb{R}^n$ 上有相同的下确界.

例子 7.4　对非凸的函数 f, 也有其下半连续包. 例如

$$f(x) = \begin{cases} x, & x \in (0,1), \\ 2-x, & x \in (1,2). \end{cases}$$

它的下半连续包 $g(x)$ 有如下形式:

$$g(x) = \begin{cases} x, & x \in [0,1], \\ 2-x, & x \in [1,2]. \end{cases}$$

f 和 g 的函数图像如图 7.6 和图 7.7 所示.

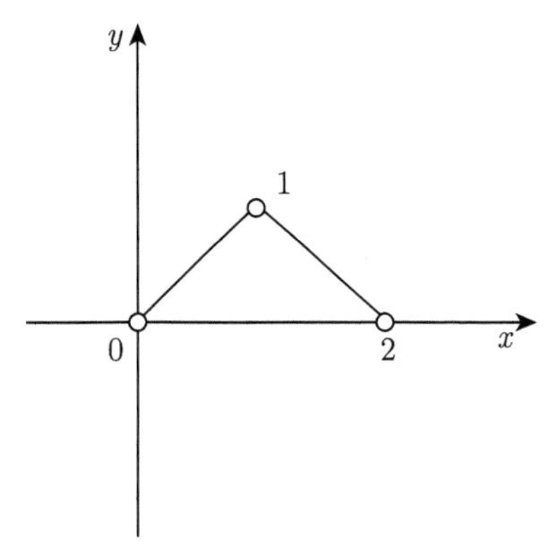

图 7.6　f 的函数图像

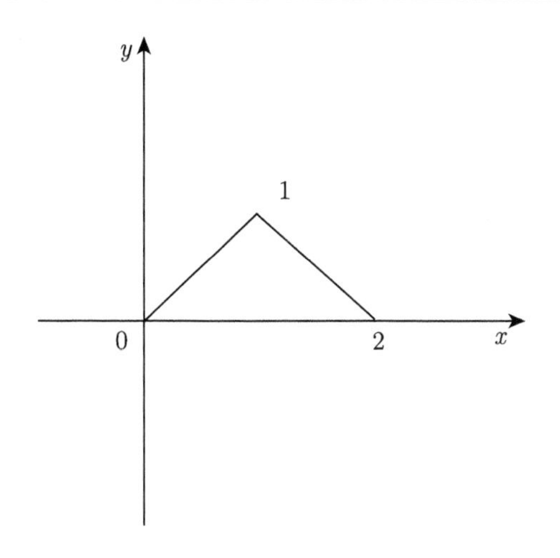

图 7.7　g 的函数图像

例子 7.5　为得到闭包运算的形式, 考虑 $\mathbb{R}$ 上的凸函数

$$f(x)=\begin{cases}0, & x>0,\\ \infty, & x\leqslant 0.\end{cases}$$

除了在 $x=0$ 处, $\mathrm{cl}f$ 与 f 一致, $(\mathrm{cl}f)(0)=0$.

又如, 在 $\mathbb{R}^2$ 上任取一个圆盘 C, 定义函数 f 如下:

$$f(x)=\begin{cases}0, & x\in \mathrm{int}C,\\ +\infty, & x\notin C,\\ [0,+\infty), & x\in \mathrm{cl}C\setminus C.\end{cases}$$

则 f 是 $\mathbb{R}^2$ 上的正常凸函数, f 的闭包

$$(\mathrm{cl}f)(x)=\begin{cases}0, & x\in \mathrm{int}C,\\ +\infty, & x\notin C,\\ 0, & x\in \mathrm{cl}C\setminus C.\end{cases}$$

上面的例子证明了闭包运算是合理的, 通过重新定义函数在某些点的函数值使得凸函数更加规则, 这不会出现不自然的间断, 在这种情况下, f 是闭凸函数.

注 7.6 对一般的函数, 无论它是否为凸, 都可以由定义找到它对应的下半连续包; 而只有凸函数才有闭包.

7.3 闭包的性质

现来考察 $\mathrm{cl}f$ 与 f 的性质和联系. 首先来看非正常凸函数. 下面是关于非正常凸函数最重要的定理.

定理 7.2 若 f 是非正常凸函数, 则对任意 $x \in \mathrm{ri}(\mathrm{dom}f)$, 有 $f(x) = -\infty$. 即一个非正常凸函数在有效域相对边界上的点之外是无限的.

证明 f 是非正常凸函数, 则存在 $z \in \mathrm{dom}f$, 使得 $f(z) = -\infty$. $x \in \mathrm{ri}(\mathrm{dom}f)$, 由定理 6.4 知, 存在 $z > 1$, 使得 $y \in \mathrm{dom}f$, 其中 $y = (1-z)u + zx$, 则

$$x = (1-\lambda)u + \lambda y, \quad 0 < \lambda = \frac{1}{z} < 1.$$

由定理 4.2 知, 对任意 $\alpha > f(z)$, $\beta > f(y)$, 有

$$f(x) = f((1-\lambda)z + \lambda y) < (1-\lambda)\alpha + \lambda\beta.$$

又 $f(z) = -\infty$, $f(y) < +\infty$, 因此 $f(x) = -\infty$. □

推论 7.1 下半连续的非正常凸函数没有有限值.

证明 由下半连续性，对任意 $x \in \mathrm{cl}(\mathrm{ri}(\mathrm{dom}f))$, 有

$$f(x) \leqslant \lim_{y \to x} f(y), \quad y \in \mathrm{ri}(\mathrm{dom}f).$$

由定理 7.2, 有 $f(x)=-\infty$. 故

$$\{x \mid f(x)=-\infty\} \supset \mathrm{cl}(\mathrm{ri}(\mathrm{dom} f)).$$

由定理 6.3 有

$$\mathrm{cl}(\mathrm{ri}(\mathrm{dom} f))=\mathrm{cl}(\mathrm{dom} f) \supset \mathrm{dom} f.$$

因此

$$\mathrm{dom} f \subset \{x \mid f(x)=-\infty\}.$$ □

推论 7.2 设 f 是非正常凸函数, 则当 $x \in \mathrm{ri}(\mathrm{dom} f)$ 时, $\mathrm{cl} f$ 是非正常的闭凸函数 (此时 $f=\mathrm{cl} f=-\infty$).

根据以上结果, 在某处取值为 $-\infty$ 的 f 的闭包与 f 的下半连续包没有多大差别. 事实上,

$$f(x)=\begin{cases}-\infty, & x \in \mathrm{cl}(\mathrm{dom} f), \\ +\infty, & x \notin \mathrm{cl}(\mathrm{dom} f).\end{cases} \quad (\mathrm{cl} f)(x)=-\infty, \ \forall x.$$

推论 7.3 若 f 是凸函数, $\mathrm{dom} f$ 是相对开的, 则对于任意 x, $f(x)>-\infty$; 或者对于任意 x, $f(x)=\infty$.

证明 f 是正常凸函数, 则对任意的 x, 有 $f(x)>-\infty$. 若 f 是非正常凸函数, 要么对任意的 x, $f(x)=+\infty$, 要么存在 x, 使得 $f(x)=-\infty$. 对任意 $x \in \mathrm{ri}(\mathrm{dom} f)$, 有 $f(x)=-\infty$. 而 $\mathrm{dom} f$ 是相对开集, 故对任意 $x \in \mathrm{dom} f$, 有 $f(x)=-\infty$. 若定义域等于其有效域, 则对任意的 x, 有 $f(x)=-\infty$. 否则, 对任意 $x \notin \mathrm{dom} f$, 有 $f(x)=+\infty$. □

推论 7.3 的一个典型应用, 考虑 $\mathbb{R}^2$ 上的有限凸函数 f, $g(\xi_1)=\inf\limits_{\xi_2} f(\xi_1,\xi_2)$ 是凸函数, 且 $\mathrm{dom} g=\mathbb{R}$. 对于每个 ξ_1, $g(\xi_1)$ 有限, 或者对每个 ξ_1, $g(\xi_1)=-\infty$.

$\mathbb{R}^n$ 上凸集的一个最重要的拓扑性质: 闭包与相对内部的关系. 因为把一个正常凸函数 f 变成闭的等同于把 epi$f$ 变成闭的, 这样就不难理解 ri(epi$f$) 在 cl$f$ 的分析中是非常重要的.

引理 7.1　对于任意凸函数 f, 有

$$\mathrm{ri}(\mathrm{epi}f) = \{(\mu, x) \mid x \in \mathrm{ri}(\mathrm{dom}f), f(x) < \mu < \infty\}.$$

证明　(证法一)　这一结果是定理 6.8 的特殊情形. 取 $m = n$, $p = 1$, $C = \mathrm{epi}f$. $\mathrm{epi}f \subset \mathbb{R}^{n+1}$ 意味着对任意的 $x \in \mathbb{R}^n$, 有

$$D = \{x \mid C_x \neq \varnothing\}, \quad C_x = \{\mu \in \mathbb{R} \mid (x, \mu) \in \mathrm{epi}f\}.$$

则

$$\begin{aligned}(x, \mu) \in \mathrm{ri}(\mathrm{epi}f) &\Leftrightarrow x \in \mathrm{ri}D, \mu \in \mathrm{ri}C_x \\ &\Leftrightarrow x \in \mathrm{ri}(\mathrm{dom}f), f(x) < \mu < \infty.\end{aligned}$$

(证法二)　要证明引理, 只需证

$$\mathrm{int}(\mathrm{epi}f) = \{(x, \mu) \mid x \in \mathrm{int}(\mathrm{dom}f), f(x) < \mu < \infty\}.$$

并记 $\mathrm{int}(\mathrm{epi}f) = A$, $\{(x, \mu) \mid x \in \mathrm{int}(\mathrm{dom}f), f(x) < \mu < \infty\} = B$. (注意到由于 epi$f$ 是 $n+1$ 维的凸集, 故 $\mathrm{int}(\mathrm{epi}f) = \mathrm{ri}(\mathrm{epi}f)$.) 显然有 $A \subset B$. 现证 $B \subset A$. 对任意的 $(x', \mu') \in B$, 有 $x' \in \mathrm{int}(\mathrm{dom}f)$, μ' 满足 $\mu' > f(x)$. 令 $a_1, a_2, \cdots, a_r \in \mathrm{dom}f$, $x' \in \mathrm{int}P$, 其中 $P = \mathrm{conv}\{a_1, \cdots, a_r\}$. 令

$$\alpha = \max\{f(a_i) \mid i = 1, \cdots, r\}.$$

则对任意的 $x \in P$, 有

$$x = \lambda_1 a_1 + \cdots + \lambda_r a_r, \lambda_i \geqslant 0, \quad i = 1, \cdots, n, \ \sum_{i=1}^{n} \lambda_i = 1.$$

故有

$$f(x) \leqslant \lambda_1 f(a_1) + \cdots + \lambda_r f(a_r) \leqslant (\lambda_1 + \cdots \lambda_r)\alpha = \alpha.$$

则开集 $\{(x,\mu) \mid x \in \text{int}P, \alpha < \mu < \infty\} \subset \text{epi}f$. 那么对于每个 $\mu > \alpha$, 有

$$(x',\mu') \in \text{int}(\text{epi}f) = \text{ri}(\text{epi}f), \quad (x', f(x')) \in \text{cl}(\text{epi}f).$$

由定理 6.1 知, 对任意的 $0 < \lambda < 1$, 有

$$(1-\lambda)(x',\mu') + \lambda(x', f(x')) \in \text{ri}(\text{epi}f) = \text{int}(\text{epi}f).$$

即

$$(x', (1-\lambda)\mu + f(x')) \in \text{int}(\text{epi}f).$$

这等价于 $f(x') < (1-\lambda)\mu + f(x')$. 令

$$\mu' = (1-\lambda)\mu + \lambda f(x') > f(x'), \quad 0 \leqslant \lambda < 1.$$

因此, (x',μ') 可被看作与 $\text{int}(\text{epi}f)$ 相交的 $\text{epi}f$ 中某个 “垂直” 线段的相对内部. 由定理 6.1, 有

$$(x',\mu') \in \text{int}(\text{epi}f). \qquad \square$$

推论 7.4 设 α 为任一实数, f 是凸函数, 存在 x, 使得 $f(x) < \alpha$, 则存在 $x \in \text{ri}(\text{dom}f)$, 使得 $f(x) < \alpha$.

证明 显然开半空间 $L = \{(x,\mu) \mid x \in \mathbb{R}^n,\ \mu < \alpha\} \bigcap \text{epi}f \neq \varnothing$. 则 $L \bigcap \text{cl}(\text{epi}f) \neq \varnothing$. 由推论 6.2 有

$$L \bigcap \text{ri}(\text{epi}f) \neq \varnothing.$$

取 $(\overline{x},\overline{\mu}) \in L \bigcap \text{ri}(\text{epi}f)$. 有 $\overline{\mu} < \alpha$, $(\overline{x},\overline{\mu}) \in \text{ri}(\text{epi}f)$. 即 $\overline{x} \in \text{ri}(\text{dom}f)$, $f(\overline{x}) < \overline{\mu} < \alpha$. $\square$

推论 7.5　设 f 是一个凸函数, C 是凸集, 且 $\mathrm{ri}C \subset \mathrm{dom}f$. α 为实数, 且存在 $x \in \mathrm{cl}C$, 使得 $f(x) < \alpha$. 则存在 $x \in \mathrm{ri}C$, 使得 $f(x) < \alpha$.

证明　令

$$g(x) = \begin{cases} f(x), & x \in \mathrm{cl}C, \\ +\infty, & x \notin \mathrm{cl}C, \end{cases}$$

则 $\mathrm{ri}C \subset \mathrm{dom}g \subset \mathrm{cl}C$. 同时取相对内部, 得到

$$\mathrm{ri}C \subset \mathrm{ri}(\mathrm{dom}g) \subset \mathrm{ri}(\mathrm{cl}C) = \mathrm{ri}C.$$

因此, $\mathrm{ri}(\mathrm{dom}g) = \mathrm{ri}C$. 由条件知, 存在 $x \in \mathrm{dom}(g)$, 使得 $g(x) < \alpha$. 由推论 7.4 知, 存在 $x \in \mathrm{ri}(\mathrm{dom}g)$ 使得 $g(x) < \alpha$. □

推论 7.6　设 f 是 $\mathbb{R}^n$ 上的凸函数, C 为凸集, 且 f 在 C 上有限. 若对任意 $x \in C$, $f(x) \geqslant \alpha$, 则对任意 $x \in \mathrm{cl}C$, 有 $f(x) \geqslant \alpha$.

证明　(反证法)　设 f 在 C 上有限, 则 $C \subset \mathrm{dom}f$, 所以 $\mathrm{ri}C \subset \mathrm{dom}f$. 若存在 $x \in \mathrm{cl}C$, 则有 $f(x) < \alpha$. 由推论 7.5 知, 存在 $x \in \mathrm{ri}C \in C$, 有 $f(x) < \alpha$. 与已知矛盾. 证毕. □

推论 7.7　若 f, g 是 $\mathbb{R}^n$ 上的凸函数, 且 $\mathrm{ri}(\mathrm{dom}f) = \mathrm{ri}(\mathrm{dom}g)$, 在 $\mathrm{ri}(\mathrm{dom}g)$ 上 $f = g$, 则 $\mathrm{cl}f = \mathrm{cl}g$.

证明　由条件知, $\mathrm{ri}(\mathrm{epi}f) = \mathrm{ri}(\mathrm{epi}g)$. 由定理 6.3 得

$$\mathrm{cl}(\mathrm{epi}f) = \mathrm{cl}(\mathrm{cl}(\mathrm{epi}g)).$$

若 f, g 均是正常的, 则 $\mathrm{cl}f = \mathrm{cl}g$; 如果是非正常的, 则对任意 $x \in \mathrm{ri}(\mathrm{dom}f)$, 有 $f(x) = -\infty$. 对任意 $x \in \mathrm{ri}(\mathrm{dom}g)$, 有 $g(x) = -\infty$. 再由闭包定义, 有 $\mathrm{cl}f = \mathrm{cl}g = -\infty$. □

定理 7.3 设 f 是 $\mathbb{R}^n$ 上的正常凸函数, 则 $\mathrm{cl}f$ 是正常闭凸函数. 除在 $\mathrm{dom}f$ 的相对边界上, 都有 $\mathrm{cl}f = f$.

证明 因为 $\mathrm{epi}(\mathrm{cl}f) = \mathrm{cl}(\mathrm{epi}f)$, $\mathrm{epi}f$ 是凸集, 所以 $\mathrm{epi}(\mathrm{cl}f)$ 是 $\mathbb{R}^{n+1}$ 上的闭凸集, $\mathrm{cl}f$ 是下半连续函数. 而 $\mathrm{cl}f$ 是正常的, 因此, $\mathrm{cl}f$ 是闭的.

下证 $\mathrm{cl}f$ 与 f 在 $\mathrm{dom}f$ 相对边界以外相等.

一方面, 对任意 $x \in \mathrm{ri}(\mathrm{dom}f)$, 考虑垂线 $M = \{(x, \mu) \mid \mu \in \mathbb{R}\}$. 由引理 7.1 知

$$M \bigcap \mathrm{ri}(\mathrm{epi}f) \neq \varnothing.$$

由推论 6.5 可得

$$M \bigcap \mathrm{cl}(\mathrm{epi}f) = \mathrm{cl}(M \bigcap \mathrm{epi}f) = M \bigcap \mathrm{epi}f.$$

即 $(\mathrm{cl}f)(x) = f(x)$.

另一方面, 设 $x \notin \mathrm{cl}(\mathrm{dom}f)$, 则 $x \notin \mathrm{dom}f, f(x) = +\infty$. 那么

$$\mathrm{cl}f(x) = \liminf_{y \to x} f(y) = +\infty.$$

可以得到 $x \notin \mathrm{dom}(\mathrm{cl}f)$, 则 $\mathrm{cl}(\mathrm{dom}f) \supset \mathrm{dom}(\mathrm{cl}f)$. 由 $\mathrm{cl}f \leqslant f$ 得 $\mathrm{dom}(\mathrm{cl}f) \supset \mathrm{dom}f$. 因此

$$(\mathrm{cl}f)(x) = \infty = f(x). \qquad \square$$

推论 7.8 若 f 是正常凸函数, 则 $\mathrm{dom}(\mathrm{cl}f)$ 与 $\mathrm{dom}f$ 至多在 $\mathrm{dom}f$ 的一些相对边界点上不同. 特别地, $\mathrm{dom}(\mathrm{cl}f)$ 与 $\mathrm{dom}f$ 有相同的闭包、相对内部和维数.

推论 7.9 若 f 是正常凸函数, $\mathrm{dom}f$ 是仿射集 (相对边界为空集), 则 f 是闭的.

由定理 7.2 与定理 7.3 可知, 凸函数 f 除在 $\mathrm{dom}f$ 的某些相对边界点上, 总是下半连续的. 凸函数的闭包运算已经用 “lim inf” 来描述了. 下面来证明由 f 可以计算 $\mathrm{cl}f$ 的更简单的极限形式.

7.4　闭包的计算

定理 7.4　f 是正常凸函数, $x \in \mathrm{ri}(\mathrm{dom}f)$, 则对任意 y 有

$$(\mathrm{cl}f)(y) = \lim_{\lambda \uparrow 1} f((1-\lambda)x + \lambda y).$$

证明　因为 $\mathrm{cl}f$ 是下半连续的, 且 $\mathrm{cl}f \leqslant f$, 所以有

$$(\mathrm{cl}f)(y) \leqslant \liminf_{\lambda \uparrow 1} \mathrm{cl}f((1-\lambda)x + \lambda y) \leqslant \liminf_{\lambda \uparrow 1} f((1-\lambda)x + \lambda y).$$

下证

$$(\mathrm{cl}f)(y) \geqslant \liminf_{\lambda \uparrow 1} f((1-\lambda)x + \lambda y).$$

设 β 为任一实数, 满足 $\beta \geqslant (\mathrm{cl}f)(y)$. 任取 $\alpha > f(x)$, 则

$$(y, \beta) \in \mathrm{epi}(\mathrm{cl}f) = \mathrm{cl}(\mathrm{epi}f).$$

而对任意的 $(x, \alpha) \in \mathrm{ri}(\mathrm{epi}f)$, 有

$$(1-\lambda)(x, \alpha) + \lambda(y, \beta) \in \mathrm{ri}(\mathrm{epi}f), \quad 0 \leqslant \lambda < 1.$$

从而有

$$f((1-\lambda)x + \lambda y) < (1-\lambda)\alpha + \lambda\beta.$$

所以

$$\limsup_{\lambda \uparrow 1} [(1-\lambda)\alpha + \lambda\beta] \leqslant \beta.$$

特别地, 可取 $\beta = \mathrm{cl} f(y)$, 故得到

$$\limsup_{\lambda \uparrow 1} f((1-\lambda)x + \lambda y) = \beta.$$

因此结论成立.

当 f 非正常, $x \in \mathrm{ri}(\mathrm{dom} f)$, $y \in \mathrm{cl}(\mathrm{dom} f)$ 时, 因为 $0 \leqslant \lambda < 1$, 所以

$$(1-\lambda x) + \lambda y \in \mathrm{ri}(\mathrm{dom} f),$$

则 $f((1-\lambda)x + \lambda y) = -\infty$, 结论仍然成立. □

推论 7.10 正常闭凸函数 f, 对任意 $x \in \mathrm{dom} f$, 任意 y, 有

$$f(y) = \lim_{\lambda \uparrow 1} f((1-\lambda)x + \lambda y).$$

证明 令 $\varphi(\lambda) = f((1-\lambda)x + \lambda y)$, 则 $\varphi(\lambda)$ 是 $\mathbb{R}$ 上的正常凸函数, 且是闭的. (由定理 5.7 知, φ 是 f 与线性函数的复合. 因此 φ 是凸函数. 而 f 是正常的, 故 φ 也是正常的.) 同时, 有

$$\varphi(0) = f(x) < \infty, \quad \varphi(1) = f(y).$$

由定理 7.1 知, φ 是下半连续的, 因为 $\{\lambda \mid \varphi(\lambda) \leqslant \alpha\}$ 在连续变换 $\lambda \to (1-\lambda)x + \lambda y = z$ 下是闭集 $\{z \mid f(z) \leqslant \alpha\}$ 的原像, $\mathrm{dom}\varphi$ 是某个区间. 若区间的内点在 0 到 1 之间, 即 $\mathrm{ri}(\mathrm{dom} f) = (0,1)$, 则由定理 2.4 可知

$$\lim_{\lambda \to 1} \varphi(\lambda) = (\mathrm{cl}\varphi)(1) = \varphi(1),$$

其中第二个等号是利用 φ 的闭性. 否则, $\lim\limits_{\lambda \to 1} \varphi(\lambda) = \varphi(1) = +\infty$. □

定理 7.4 可以用于证明一个函数是凸的. 例如

$$f(x) = \begin{cases} -(1-|x|^2)^{\frac{1}{2}}, & |x| \leqslant 1, \\ +\infty, & |x| > 1, \end{cases} \quad x \in \mathbb{R}^n.$$

$\mathrm{dom} f = B = \{x \mid \|x\| \leqslant 1\}$. 由定理 4.5 知, f 在 B 内部是凸函数. 因为 f 在 B 边界上的值是其沿半径的极限, 由定理 7.4 知, f 是正常闭凸函数.

7.5 水 平 集

在不等式理论中, 水平集 $\{x \mid f(x) \leqslant \alpha\}$ 很重要. 通过对凸函数进行闭包运算, 这些集合是闭的. 这些集合的相对内部可由 f 得到.

定理 7.5 设 f 是任一正常凸函数, $\alpha \in \mathbb{R}$, $\alpha > \inf f$, 则水平集 $\{x \mid f(x) \leqslant \alpha\}$ 与 $\{x \mid f(x) < \alpha\}$ 有相同的闭包、相对内部, 与 $\mathrm{dom} f$ 有相同的维数. 即

$$\mathrm{cl}\{x \mid f(x) \leqslant \alpha\} = \mathrm{cl}\{x \mid f(x) < \alpha\},$$

$$\mathrm{ri}\{x \mid f(x) \leqslant \alpha\} = \mathrm{ri}\{x \mid f(x) < \alpha\}.$$

如上闭包和相对内部具有如下表达式:

$$\mathrm{cl}\{x \mid f(x) \leqslant \alpha\} = \mathrm{cl}\{x \mid (\mathrm{cl} f)(x) \leqslant \alpha\},$$

$$\mathrm{ri}\{x \mid f(x) \leqslant \alpha\} = \{x \in \mathrm{ri}(\mathrm{dom} f) \mid f(x) < \alpha\}.$$

证明 先证明第二部分的表达式. 设 $M = \{(x, \alpha) \mid x \in \mathbb{R}^n\} \subset \mathbb{R}^{n+1}$ 为水平面, 由推论 7.4 及引理 7.1 知, $M \bigcap \mathrm{ri}(\mathrm{epi} f) \neq \varnothing$. (由推论 7.4 知, 若存在 x, 使得 $f(x) \leqslant \alpha$, 则一定存在 x', 使得 $f(x') < \alpha$, 即 $\mathrm{ri}(\mathrm{epi} f) \neq \varnothing$. 由引理 7.1 知, $M \bigcap \mathrm{ri}(\mathrm{epi} f) \neq \varnothing$.) 现考虑 $M \bigcap \mathrm{epi} f = \{(x, \alpha) \mid f(x) \leqslant \alpha\}$ 的闭包、相对内部. 由推论 6.5 可得

$$\mathrm{cl}(M \bigcap \mathrm{epi} f) = M \bigcap \mathrm{cl}(\mathrm{epi} f) = M \bigcap \mathrm{epi}(\mathrm{cl} f),$$

$$\mathrm{ri}(M\bigcap \mathrm{epi}f) = M\bigcap \mathrm{ri}(\mathrm{epi}f).$$

而 $\mathrm{cl}(\mathrm{epi}f) = \mathrm{epi}(\mathrm{cl}f)$, 则有

$$\mathrm{cl}\{x \mid f(x) \leqslant \alpha\} = \{x \mid \mathrm{cl}f(x) \leqslant \alpha\},$$

及

$$\begin{aligned}&\mathrm{ri}\{x \mid f(x) \leqslant \alpha\}\\ =&\{x \in \mathrm{ri}(\mathrm{dom}f) \mid f(x) < \alpha\} \subset \{x \mid f(x) < \alpha\} \subset \{x \mid f(x) \leqslant \alpha\}.\end{aligned}$$

对这些集合取闭包, 有

$$\begin{aligned}&\mathrm{cl}(\mathrm{ri}\{x \mid f(x) \leqslant \alpha\})\\ =&\mathrm{cl}\{x \mid f(x) \leqslant \alpha\} \subset \mathrm{cl}\{x \mid f(x) < \alpha\} \subset \mathrm{cl}\{x \mid f(x) \leqslant \alpha\}.\end{aligned}$$

那么

$$\mathrm{cl}\{x \mid f(x) \leqslant \alpha\} = \mathrm{cl}\{x \mid f(x) < \alpha\}.$$

再利用推论 6.1, 可得

$$\mathrm{ri}\{x \mid f(x) \leqslant \alpha\} = \mathrm{ri}\{x \mid f(x) < \alpha\}.$$

由定理 6.2 知, 两个水平集与 $\mathrm{dom}f$ 维数相同. 事实上, 它们与 $M\bigcap \mathrm{ri}(\mathrm{epi}f)$ 维数相同, 比 $\mathrm{ri}(\mathrm{epi}f)$ 维数小 1, 而 $\mathrm{ri}(\mathrm{epi}f)$ 比 $\mathrm{dom}f$ 维数大 1, 所以水平集与 $\mathrm{dom}f$ 维数相同. □

推论 7.11 若 f 是正常闭凸函数, $\mathrm{dom}f$ 是相对开集, 则对 $\inf f < \alpha < +\infty$, 有

$$\mathrm{ri}\{x \mid f(x) \leqslant \alpha\} = \{x \mid f(x) < \alpha\},$$

$$\mathrm{cl}\{x \mid f(x) < \alpha\} = \{x \mid f(x) \leqslant \alpha\}.$$

证明　$\mathrm{cl}f = f$, 且 $\mathrm{ri}(\mathrm{dom}f) = \mathrm{dom}f$. □

上面推论中的关系依赖于 f 的凸性, 而不仅仅依赖水平集的凸性.

例子 7.6　如图 7.8, 定义 $\mathbb{R}$ 上的非凸函数

$$f(x) = \begin{cases} 0, & |x| \leqslant 1, \\ 1, & |x| > 1. \end{cases}$$

水平集

$$\{x \mid f(x) \leqslant \alpha\}, \quad \{x \mid f(x) < \alpha\}$$

均为凸集. 由定理 7.1 知, f 是下半连续的, 且 $\mathrm{dom}f$ 是相对开的, $\mathrm{dom}f = \mathbb{R}$. 但 $\{x \mid f(x) < 1\}$ 不是 $\{x \mid f(x) \leqslant 1\}$ 的相对内部, $\{x \mid f(x) \leqslant 1\}$ 也不是 $\{x \mid f(x) < 1\}$ 的闭包.

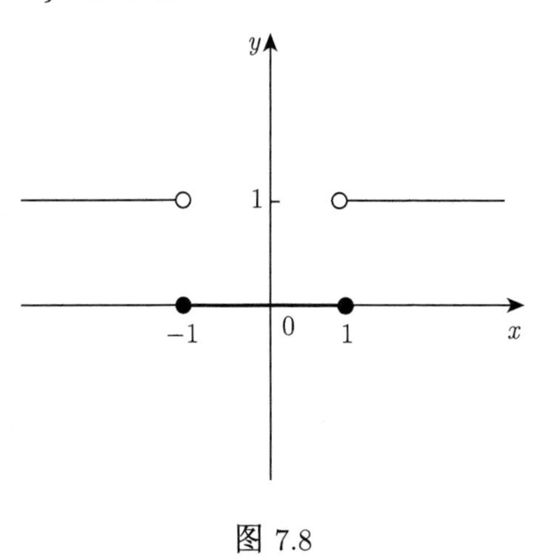

图 7.8

定理 7.5 与推论 7.11 当 $\alpha < \inf f$ 时也成立, 因为等式中所有集合都是空集; 但当 $\alpha = \inf f$ 时结论不一定成立, 因为水平集 $\{x \mid f(x) < \alpha\} = \varnothing$, 但 $\{x \mid f(x) \leqslant \alpha\}$ 不一定是空集.

注 7.7　关于水平集的凸性和函数的凸性, 需注意: 若 f 为凸函数, 则水平集为凸集. 反之, 不一定成立. 例如例子 7.6. 当水平集 $\{x \mid f(x) \leqslant$

$\alpha\}$ 是凸的, 即使 f 连续, 也不一定能得到函数 f 是凸的. 如图 7.9 所示.

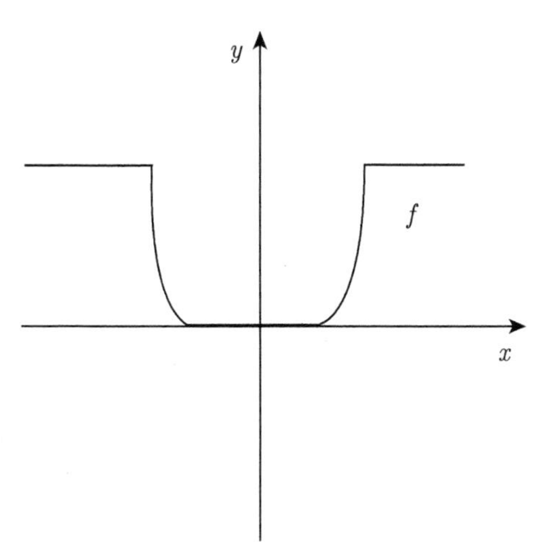

图 7.9　f 的函数图像

练　习　题

练习 7.1　已知 $f\colon \mathbb{R} \to \mathbb{R}$ 定义为

$$f(x) = \begin{cases} x^2, & x > 0, \\ +\infty, & \text{其他}. \end{cases}$$

写出 f 的下半连续包和 f 的闭包.

练习 7.2　已知 $f\colon \mathbb{R} \to \mathbb{R}$ 定义为

$$f(x) = \begin{cases} x, & x \geqslant 0, \\ -1, & \text{其他}. \end{cases}$$

写出 f 的下半连续包和 f 的闭包.

参 考 文 献

[1] Bogdan M, Ewout V D B, Sabatti C, et al. SLOPE—Adaptive variable selection via convex optimization. The Annals of Applied Statistics, 2015, 9(3): 1103-1140.

[2] Friedman J, Hastie T, Tibshirani R. The Elements of Statistical Learning. New York: Springer, 2001.

[3] 李学文, 闫桂峰, 李庆娜. 最优化方法. 北京: 北京理工大学出版社, 2018.

[4] Li Q N, Qi H D. An inexact smoothing Newton method for Euclidean distance matrix optimization under ordinal constraints. Journal of Computational Mathematics, 2017, 35(4): 467-483.

[5] Mordukhovich B S. Variational Analysis and Generalized Differentiation I: Basic Theory. Berlin: Springer Science & Business Media, 2006.

[6] Nocedal J, Wright S J. Numerical Optimization. New York: Springer, 2006.

[7] Qi H D. A semismooth Newton method for the nearest Euclidean distance matrix problem. SIAM Journal on Matrix Analysis & Applications, 2013, 34(1): 67-93.

[8] Qi H D, Sun D F. A quadratically convergent newton method for computing the nearest correlation matrix. SIAM Journal on Matrix Analysis & Applications, 2006, 28(2): 360-385.

[9] Rockafellar R T. Convex Analysis. Princeton: Princeton University Press, 1970.

[10] Sun D F, Toh K C, Yuan Y. Convex Clustering: model, theoretical guarantee and efficient algorithm. arXiv: 1810.02677, 2018.

[11] 王宜举, 修乃华. 非线性最优化理论与方法. 北京: 科学出版社, 2012.

[12] 袁亚湘. 非线性优化计算方法. 北京: 科学出版社, 2008.